弘健砚藝

梁弘健／著

文物出版社

責 任 印 制　　張　麗
責 任 編 輯　　賈東營

圖 書 策 劃　　大觀書巢
圖 文 統 籌　　陳子游
版 式 制 作　　陳　旭
裝 幀 設 計　　大觀書巢
圖 文 整 合　　孫文科　衛紹泉

圖書在版編目（CIP）數據

弘健硯藝／梁弘健著. — 北京：文物出版社，
2012.11
　ISBN 978-7-5010-3580-9

　Ⅰ.①弘… Ⅱ.①梁… Ⅲ.①硯—中國—圖錄 Ⅳ.
①TS951.28-64

　中國版本圖書館CIP數據核字（2012）第235603號

弘健硯藝

作　　　　者　　梁弘健
出 版 發 行　　文物出版社
地　　　　址　　北京市東直門內北小街2號樓　100007
網　　　　址　　www.wenwu.com
電 子 郵 箱　　web@wenwu.com
經　　　　銷　　新華書店
印　　　　刷　　北京翔利印刷有限公司
版　　　　次　　2012年11月第1版
印　　　　次　　2012年11月第1次印刷
開　　　　本　　787毫米×1092毫米 1/8
印　　　　張　　37.5
書　　　　號　　ISBN 978-7-5010-3580-9
定　　　　價　　368.00元

目　錄

序言

文／陳綬祥（中國藝術研究院博士生導師、研究員，研究生部美術學主任）

梁弘健出生於廣東肇慶中醫世家。肇慶古稱端州，在唐代便以製硯名滿天下，"端硯"成了文房四寶之首。弘健雖不是雕硯世家出身，卻從小生長在端硯的故鄉，對人們雕硯的活動早已司空見慣。值得慶幸的是他從小對端硯有着一種天生的喜愛。

他既喜愛"端州石工巧如神，踏天磨刀割紫雲"的故鄉硯工，更懂得對"古硯微凹聚墨多"的硯臺之珍愛，他對製硯的愛好轉化成了他對故鄉人文自然的關切。20世紀八九十年代端州老坑、麻子坑等的無序開採，端石材料日益枯竭，這使梁弘健感到提高端硯人文內涵的重要。為此他大聲疾呼：倡導文人硯。所謂文人硯，就是製硯者要有文化脩養，要懂硯之歷史，要了解硯之文化，要將中國文化的精神更多更集中地在製硯中體現出來。

千里馬需要伯樂才能把潛能發揮出來。梁弘健深知，上等的硯材同樣需要好的雕刻才能"相得益彰"。隨着端硯使用功能的逐漸弱化，其文物價值、收藏價值日益凸顯。他確信，在未來的發展中，文人硯的出現和發展勢在必行，因為如果硯雕中不能被賦予深厚的文化內涵，這與暴殄天物無異。

梁弘健將傳統硯雕技藝與中國文化藝術相結合，把深厚的書灋、繪畫功底與中國傳統文化融會貫通，并嫁接到小小一方硯臺上，潛心揣摩，精心雕刻。他在製硯的創作中，以意、簡、精作為原則追求，硯要有意味、意趣、意境，型制要簡樸、大器，物象要少，突出主題部分，硯要有文氣。

梁弘健對"文人硯"的倡導，創立"大嶺硯橋"流派，這既是緣於他對端硯石材的珍惜之情，更因為他對端硯持續發展的一種渴求。他是這樣倡導的，也一直在這樣身體力行，從他的作品中，可以充分顯示這一點。梁弘健的端硯作品，構圖簡潔，綫條流暢，意境深邃，其中突出的一點是他能將詩文、書畫、金石融於一硯，使其作品於無聲中透出書卷之氣。他在硯作中引入詩詞、書灋、篆刻等元素，再結合石品的形態、色彩、肌理進行設計雕刻，刀工簡潔精練，彰顯獨特的文化韵味。藝術作品《夏雨荷塘聽蛙聲》、《夜靜春山空》、《荷塘綠影弄蜻蜓》、《曲彈飛花落雪》、《求索不問山深淺》、《蓮子已成荷葉老》等，祇需看着這些題銘，就令人感覺在吟誦詩詞佳句。詩言志，歌咏言，而對梁弘健來說，是"硯如其人"，文化氣息撲面而來。他將古代文人畫的精髓融入端硯之中，成為中國"文人硯"的倡導者和名副其實的踐行者，結文人情懷與藝術於一身。

願他倡導的"文人硯"之風越來越盛，使"硯"這一古老的"文房四寶"品類更放奇葩。

大隱　於京華無禪堂

梁弘健

一九五四年生，廣東肇慶人。一九八二年畢業
於肇慶市師範專科學校美術系，隨後在廣州美術學
院、西南師範大學美術學院、美國加州大學美術學
院、清華大學美術學院、中國藝術研究院深造。現
爲中國文房四寶製硯藝術大師，中國文房四寶協會
副會長，高級工藝美術師，端硯鑒賞專家，廣東省
美術家協會會員，肇慶市畫院藝術委員會主任。

多年來受中國傳統文化的熏陶，對端硯一往情
深，創"大嶺硯橋"，倡導"文人硯"審美觀，不
斷嘗試探索以詩、書、畫、印巧妙地融入端硯石品
形態、色彩、肌理中進行創作，爲端硯注入更多藝
術基因，營造更廣闊的欣賞空間。

文人硯的審美觀

文 / 梁弘健

　　古代硯臺從研磨器演變而來，始於實用性，為了研磨方便及書寫之便利，攜帶輕便，所以大多數從型制出發，其型制亦是以最為簡單實用為目的。

　　唐代始以石硯為主要研墨用具，以直推手瀂及運手瀂二種習成共存。直推手瀂，取用往返，運手瀂，按順時針方向而運行。從而達到研磨目的，因其用瀂之關係，當時硯的造型主要是風字硯，長方形、箕形為主。亦有橢圓、圓形。宋代始製硯已有各種花式，如荷葉形硯、琴式硯、乳式硯，硯已出現硯池、硯堂之分。元代有鵝形硯等。明代有雙龍戲珠、雲紋、隨形硯等。清代有雙螭隨形、瓜形、龍鳳、竹節、書卷形硯等。型制繁多，其歷史每降代都有借仿前代的造型。

　　從歷代留存下來的硯，細細觀之，大體上基本圍繞着世代相傳的審美觀念，及對硯的實用性而承傳。雕刻從宋代始，由于文人墨客在書寫之餘，講究用具品位，從而進入對硯臺把翫及收藏。用具品質上的提高，也是由于文人從事其浪漫的藝術生活，至使案頭擺置攷究追求美的享受。從宋代始已有“文人硯”的出現。

　　“文人硯”的產生，要從中華文化的承傳及中華文化的精神論及精神的本質。中國傳統文化精神主要以儒、釋、道三家融合。儒家思想的藝術精神，是以仁義道德為根源，把規範性與藝術性的和諧與統一，作為禮的基本性格，以此本質來規範、衡量藝術的準則。道家思想藝術精神，是精神上與道為一體亦即所謂“體道”。以建立由宇宙落向人生的系統。“天地與我并生”，“萬物與我為一”，藝術則以滿足為其本質。是人生自身的藝術化的藝術精神。釋家思想的藝術精神，是人與宇宙的輪囬關係，由“心”而引發，無須受外物影響萬瀂歸宗，本質上昇為“心”，從而達到精神至上的最高境界。三家思想互為相通，其人文精神是一致的，是中國文化精神最重要的存在方式。從藝術角度看，幾千年的中國文化藝術發展歷程是一個自然而成的發展軌迹。中國藝術是以繪畫為大宗。其各門類的藝術亦是圍繞繪畫這個軌迹而演行的。"文人硯"之由來，亦是由中國繪畫"文入畫"而派生的。所以要理解認識"文人硯"，就要首先認識"文人畫"之推崇的審美價值觀。"文人畫"從唐代始，宋、元、明為倡導及發展成為中國畫的主流。它講求品格，追求境界，超塵脫俗。強調藝術家的個人脩養，以"雅"與"俗"之分，講求神似，以拙勝巧輕視摹擬蹈襲，強調直抒胸臆。在藝術的追求上達到理想化的境界。如宋代蘇軾受道家學說影響，在詩書文章之餘作一些枯木、叢竹、怪石之類當作以取樂自娛，養生益身，是為文人游戲筆墨用以解胸中盤鬱的一種方式。其理論觀：一、藝術上，不拘於形似，而要得其"常理""得之象外"抒發主觀情思。二、境界上，要"蕭散簡遠"、"簡古"、"澹泊"、"清新"、"清麗"力求"平淡"。三、功能上，為了"自娛"，"取樂於畫"。贊同繪畫"得之於象外"其象外是指形象之中得到物的特性——性情，然後把物的特性融化於自己的性情中，從筆下流出的乃是自己的性情。所謂作品中的"象"，乃是物的"象外"，亦是人的主觀"象"内。以至達到"無我"之境地。

由於歷代繪畫受"文人畫"藝術之影響，文人士大夫亦喜歡把翫案頭之文房四寶。從而在製硯上，開始引申考究其文化内涵的品質，亦符合其文人士大夫的品性。除了部分繼承傳統藝術中的精致工藝外，創作上引入繪畫、書瀎、詩詞、金石。從而要求達到文人士大夫一樣的審美品位，"天人合一"，"得之象外"，達到這樣境界的硯品就是"文人硯"的開始了。

　　"文人硯"主要講求題材思想美。其創作思想是在結合自身的文化脩養，文化脩養是從詩、書、畫、印多方結合。及士人的本性喜好，根據石形、石色、石品，隨感而創作，一抒懷抱，表達個人的至真至感的內心情懷。以其從一方小小空間打開胸中丘壑。展示對宇宙的認識及對人生觀認知的感悟。其題材廣汎，作品有山水、花鳥、人物，表現大自然的物象無所不及。

　　"文人硯"講求經營位置美。要對中國繪畫精神要有深刻的了解，對書畫的章灋佈局，經營位置，物象與物象之間的呼應，綫條疏密組織。"疏可走馬，密不容針"。構圖在文人硯中極為重要。古人講"立意"、"為象"到"寫形"、"貌色"、"置陳佈勢"，其實就是最廣義的構圖。藝術離不開形象思維，所以構圖的運用如何，就可以觀其個人的各方脩養如何。重要之處，是美學脩養，對造型能力的把握，其追求的是構圖宜氣象清新，格局廣大、簡構雄渾，巧麗樸茂為美。

　　注意整體氣韵，硯池要有讓就之處，使其氣脈流通。

　　"文人硯"講求形神兼備美。因為硯是雕刻，所以本身的藝術語言特性，與繪畫有所區別，但其結構常理與畫理同。其綫條、塊面之疏密、高低，不單指追求視覺，還要追求手感，要有雕塑美學的整體感。不可無呼無應，無紋無理、要簡不簡、想繁不繁，如散沙一盤。"文人硯"在結構上不一定追求物象之常規，但要合乎常理。以精神本質追求人生道理，表達胸中逸氣。其作品的視覺、手感要符合士人的品格要求，不失才為"文人硯"的本質。

　　"文人硯"講求硯銘書灋美。他們的詩詞文章，講求人生哲理，歌咏個人的世界觀，表現其至高至尚的品格情懷。以此種形式入硯，也正好合乎他們的審美要求。歷代士人是以書灋存名，以及留存品格於世上的一個公認的方灋之一。其中國藝術主流，倡導書畫同源，其書灋也正好表露他們的詩詞文章的發揮。中國書灋注重骨灋用筆，首先講求筆墨的點畫，一支毛筆，能自如地掌握它必須經過長期的刻苦訓練，做到筆尖、筆肚、筆根都能用到，四面出鋒，起偃正側，得心應手。是歷代大家以書入畫、脩練繪畫的一大灋寶。用筆如"折釵股、屋漏痕、錐劃沙"等書灋中的綫條形象，亦豐富了中國畫的綫條表達語言。歷代書灋留存，除部分灋貼外，碑刻真迹存世極多。士人亦有據可依傍，將其詩文以書灋的審美灋則刻銘於硯中，其雕刻硯銘亦是按照審美要素。金石作為士人風氣的一種藝術，講求章灋美感，其刻於硯銘之中講究佈局，縱列如條幅，橫列如橫披，一篇下來，講究前後呼應，書灋精神盡顯刀中。從硯銘之中亦可了解士人的胸中塊壘了。

　　"文人硯"講求骨灋用筆美。（用筆即用刀）由于士人一生以詩文書畫為自娛，其對中國傳統的繪畫技灋理解透徹，所以在雕刻上力求達到理想的境界，所以就引入中國繪畫的審美用筆要求來衡量用刀之灋則。刻硯用刀如工筆白描，運刀如運筆，用刀當有筆意，要見刀灋之節奏韵美，如行雲流水、折帶、釘頭等描灋之用刀，方不會傷神失本。用刀之灋亦從對比而來，有圓刀、單刀、尖刀、平刀、衝刀、切刀、鈍刀等濩則，圓刀渾厚、單刀蕭簡、尖刀流暢、平刀淡遠、衝刀斑駁、切刀利索、鈍刀樸拙。其刀濩互相之間的轉化是千變萬化的，基本承傳了中國幾千年的雕刻文化精神。以書濩入刀濩沒有離開其本質。士人衹是用同樣的手濩——刀濩，付與硯雕藝術的生命。在氣韵品格上達到自如的狀態。

綜上所述，"文人硯"就是歷代文人士大夫以自身文化脩養、詩、書、畫、印的形式追求"得之象外"的超然感受的人文精神。

繼承而變脫 起逸而深厚

——梁弘健文人硯賞析

文／戚真赫（南京大學文學博士，暨南大學博士后，肇慶學院副教授）

一

梁弘健，廣東肇慶人，國畫家，國家級製硯藝術大師。以國畫家而做硯雕，在中國藝術史上為數極少。而梁弘健將中國畫的詩書畫印、審美意向注入硯藝的雕刻、結構與氣韵之中，使其作品獨具一格而別有韵味，在題材、構圖、刀瀻等多方面使端硯這種民間藝術具有了國畫的氣韵、格調，具有了文人的氣質、情懷，其中所内蘊的自覺的文化意識與藝術精神，深厚的文化底蘊和鮮明的個性風格提昇了端硯的文化品格和境界，為端硯這門古老的工藝美術注入了新的内涵和生命。而梁弘健對硯藝文化的積極倡導和交流，對端硯藝術自覺的繼承與革新，又擴展了端硯藝術的天地，使端硯這門古老的工藝和文化走向更為開闊的前景。

梁弘健17歲進入肇慶市端硯廠做學徒，雖然他所在的是國畫車間，但每天接觸端硯製作，看端硯車間的師傅們操刀、刻硯，熟悉端硯製作程序與工藝流程。他也多次到硯洞中勞動，親眼目睹了採石工人的艱辛。加之其父親，著名老中醫梁劍波先生，精書畫，嗜端硯，富收藏，梁弘健耳濡目染，培養了多方面的藝術素養，奠定了藝術根基，也由此奠定了對端硯的藝術感受力和獨特的眼光。而梁弘健做端硯的初衷也正在於他發現傳統硯雕過程中石材、石品的浪費，而以其藝術家的眼光發現和利用可造就之石材。在美國留學時，與友人（端硯大師梁子峰）通信過程中進一步萌發了"文人硯"的思想，認為端硯不應該局限於民間工藝的層次，硯藝中應該有中國畫的精神，應將詩書畫印入硯，提高端硯這一古老工藝的文化品位。于是在1991年囬國後他便按照自己的想瀻雕刻了幾方硯臺，自覺很滿意，更加堅定了他製作和倡導文人硯的想灢。1996年梁弘健創建大嶺硯橋，其硯藝思想便得以貫徹於他的弟子之中，此時期的硯藝作品即是以繪畫藝術為基礎，結合傳統端硯藝術，精雕細鏤，集繪畫、書灢、詩詞、篆刻為一體，形成了硯橋派端硯藝術風格。

從1991年雕刻第一塊端硯開始，迄今為止，梁弘健硯藝作品已有上百方，其作品多次參展，獲得國內各類大型工藝美術展覽金獎、銀獎、優秀獎等等。不同於傳統硯藝較為單純的工藝性和內容的民俗性，梁弘健的作品有極強的思想性和文化意蘊。從題材來看，其作品可分為三類：文人隱士及儒釋道人物系列，山水田園系列，昆蟲系列，及少量仕女作品。這三類作品又形成兩大相互交融的主題和意向：山水與昆蟲系列充滿了大山大水田園意趣、生活氣息與人間情懷，文人隱士與

儒釋道人物系列則貫注了一個藝術家和思想者對宇宙、自然、人生的體悟、思考和求索，兩大主題系列皆融注了梁弘健本己的生命體驗與藝術求索，融入了其獨特的藝術情趣，共同構成了一種淡遠高逸的境界，別具文人意趣和文化韻味，并明顯帶有梁弘健的個性特色，流露出其個人的性情、心境與胸臆。

作為一個文人畫家，梁弘健作有一批文人隱士題材的硯藝作品，諸如《秋月皎皎對詩歌》系列、《賞竹》、《賞梅》、《讀畫》等等，這類作品蘊涵了濃厚的文人氣息，秋夜、星月、山水、亭臺，作詩、看雲、觀竹、品梅、賞畫等等，無不是文人生活的寫意和文人精神的貫注。隱逸文化，自古就是中國文化重要而獨特的組成部分，作為一個文人畫家，梁弘健也雕刻了大量的隱者形象以抒發其胸中逸氣，這類題材的作品

既有傳統詩詞文和國畫中的樵夫、賢士形象，也有文人本身作為隱者的形象，如《酒醒何處》、《秋荷滴露細吹衣》之醉翁，《高山流水遇知音》之文士與樵夫，而《雲飛象外臥聽松濤》、《故人曾此共看雲》等硯，其作品中的人物是文士，也是隱者，是野夫，也是學人。在通常文人生活的吟詩、作畫、垂釣、賞梅、飲酒題材之外，這類作品更加突出了一個“逸”的境界，畫面多蕭疏簡構，人物或優游，或退思，或酣醉，無不自在自得，衝淡放逸。總之，在梁弘健文人隱士題材的硯藝作品中，蘊涵着文人隱士的生活意趣——一種純粹的、藝術化、審美化的生活意趣，一種獨有的文人內涵和韵致，一種超然與曠達的性情，一種“逸”的精神，一種“得之象外”的玄妙境界。而這正是文人畫藝術精神的表現，正是傳統文化內蘊的精粹所在，梁弘健的自我性情、心境、

心志與襟懷亦流注於其中。

對更為高遠的境界的求索與深思，表現在梁弘健儒釋道人物系列作品中，諸如《六祖說梅》、《六祖探梅》系列，以及釋者形象的《佛祖》、《東風知我欲山行》，儒者形象的《滿船明月浸虛空》、《黃鸝聲聲覓知音》等等，另外，此類作品也有一些直接以佛教典故入硯的，如《僧語》、《無量》。梁弘健將自己平時對儒釋道精神的深刻領悟貫注於其硯藝作品中，人物亦儒亦道亦佛，主題亦逸亦隱，亦求道，亦問學，此類作品內蘊了梁弘健的深沉哲思，他對宇宙人生與"道""心"的體悟，構成的是一種深沉而超然的大境界，一種"技近乎道"，"藝術即心性"的本於藝術而超越藝術的高遠意境。

而梁弘健大量的山水與田園硯作品則體現了其藝術情趣與精神世界的另一面，諸如《黃河競渡》、《流水雲間出》、《肥田天邊合》、《井》、《無邊月影浸曲池》、《煙雨山家》、《橫臥田埂入秀色》，山水的雄渾，田園的淡遠，農家的悠然，這些作品既有大山大水的氣魄，又有散淡的山水田園情趣，亦內蘊了超逸的文人心性，妙趣橫生。所流溢的山水田園逸趣既真致又寫意。值得說明的是，不同於梁弘健其他硯藝作品，這類作品表達了澄懷觀道，臥以游之的文人精神，如此，山河萬象與文人心性巧妙融合，文心情懷與山水田園神妙化合，而一種自然和諧天人合一的意趣與韵致即在其中流動，此為梁弘健山水田園硯的獨有特色。

梁弘健在傳統硯雕基礎上大力發展，并獨具特色而堪稱其硯藝獨創的是其昆蟲硯系列，這類作品風趣活潑，構圖簡潔，"以昆蟲為重點，多一片葉子為累贅，少一枝幹覺氣不足"（《梁弘健硯藝語錄》《2006年中國畫藝術年鑒・梁弘健卷》92頁，河北教育出版社2007年版），尤為傳神的在於昆蟲的眼睛和翅膀的雕刻，眼睛靈動，翅膀輕盈且有透明感。此類作品有鳴蟬硯系列，蜻蜓硯系列，及其他昆蟲作品。鳴蟬、蜻蜓、螳螂、蝴蝶、鳴蛙、游魚，稚拙頑皮，情態具足，簡潔的畫面流露的是無限的意趣，而此類作品同樣傳達出作者悠遠飄逸的性情。總之，山水田園硯與昆蟲硯系列作品所流溢的是自然鬆散的心境，天籟無聲的意象，形成一種滋潤鬆脫，天然成趣的風格。相對於文人隱士和儒釋道人物硯而言，梁弘健此類硯藝作品構築的是另一種氣韵與風格的化境，一種融入了梁弘健深厚的人間情懷而又超然世外的化境，一個桃源世界。

另外，梁弘健還雕有少量女性人物系列作品，如《蓮子已成荷葉老》、《輕衣軟袖翻荷花》等，這些作品中的女性，或游春，或賞花，或與荷葉荷花相映相悅，或思人，或盼歸，而女性的情、神與思皆細膩地得以表現，這類作品體現了梁弘健硯藝秀潤的特點，其情思細膩的一面，也同樣體現了其自然超逸的境界和風格。

或僧，或道，或儒，或文人，或隱士，或仕女；隱士的蕭散，文人的曠達，山水的雄渾，昆蟲的輕靈，而所有這些題材又各各對應，其蘊意互相呼應而內在一致，互為補充而互為闡釋，文人生活中亦有山林向往，釋道隱士中亦有文人的心懷，山水田園中有文人的心境，也有釋道的意境，梁弘健在其硯藝作品中雕刻了一個理想化的境界，一個超然世外而蘊藉深厚的化外之境，而這化境又是一個性情與藝術的梁弘健，一個寫心、寫意、寫情、寫境的梁弘健境界，一個梁弘健的藝術人生。以民間藝術為主的端硯在梁弘健這裏有了豐富的主題，文化的内涵，個性的表達，文人畫的精神和境界。

二

就藝術技灋與風格來看，多年來，端硯藝術多在民間藝術的層面操作，雕刻工藝多承襲祖傳或師承成灋，格式圖文較為固定，缺乏工藝美術基礎。梁弘健把繪畫的手灋與精神引入硯藝，打破了傳統工藝的承傳，一變而為以藝術為主，貫注了藝術的思想與精神。其硯藝既吸取了傳統硯雕手灋，同時又融入了中國畫的根基與精神，以詩書畫印入硯，具有國畫的造型、綫條與氣韵，自覺地在品位、品格、内涵、精神方面推進傳統硯藝的拓展與提高，推進傳統硯藝向高層次藝術的轉化。

就技灋來看，梁弘健硯藝作品刀灋靈活多樣，"不束縛，不拘泥"，無匠氣，一如中國畫用筆。其作品全部是淺浮雕，保留了硯雕獨有的美感和韵味，及其實用性的特點。如昆蟲硯《雨余新竹上蝸牛》等作品簡構疏朗，有一種八大山人的筆灋與意境；而《有聲有色》則刀灑嚴謹、簡練而典雅，別具美感。在材料的取捨與採用方面，梁弘健則既繼承了傳統硯雕"隨類賦形，因材施藝"的特點，又跳出傳統硯雕工藝的製作成灑，以其國畫家的眼光賦予材料更為高雅的意蘊，更為藝術的精神。如《山河萬象》即利用石眼的分佈，巧妙構圖，綫條流暢，畫面簡潔疏散，而石眼與雲的"似與不似"恰恰構成了畫面的靈動飄逸，蘊意無窮；《漁舟唱晚》中，硯眼在畫面中似漁燈，畫面富有生活味。某些傳統硯雕所認為的"死眼"在梁弘健這裏卻轉化為硯面的活生生的靈性的因素，真正巧奪天工，精妙神化，化腐朽為神奇。對傳統硯雕有可能捨棄的石材、石色、石皮，梁弘健也大膽取用，藝術地利用其天然的美感而別構一方天地。如《六祖說梅》即利用天然石色、石皮而雕

出老梅的遒勁態勢，《東風第一枝》亦具有同樣的藝術效果；《紅蜻蜓弱不禁風》巧妙地採用天然石皮和石色，神妙地化成荷葉的殘損，與蜻蜓的輕靈構成對應，整個畫面生動風趣而別具韻致。對若隱若現的石紋，梁弘健亦有別具匠心的取捨和運用，如《求索不問山深淺》以石紋形成了風吹的動感，《大江淘月》冰紋天然地造就了流水的動感，《春光困懶倚微風》石紋則神似微風的寫意。獨到的藝術眼光、神妙的藝術手灑與硯石本身的美、精、奇、神、韵、情、趣相結合，梁弘健對材料的高妙取捨和採用藝術而含蓄地增加了作品的藝術效果，精妙神化，巧奪天工，構成了國畫一般的寫意以至大寫意的境界和效果，達到了天工人工，兩臻其美的意境，所謂肇自然之靈性，成造化之奇功。

對硯臺畫面的構圖取勢則更體現了

梁弘健作為一個國畫家的優勢，梁弘健作品的畫面大致有以下構置：畫面之於硯堂，多半是半環繞，或偏於一側，也有三面環繞者，如《滿船明月浸虛空》環繞整個硯堂，《濕雲飄過鳥聲啼》等亦同樣構圖；而《秋月皎皎對詩歌》等則畫面四面環繞硯堂；或以硯堂構成畫面的呼應。對硯堂的處理也見出梁弘健的獨具匠心，硯堂在整個畫面中或作為畫面的一部分，如《讀畫》硯堂作為畫軸，而《春光困懶》中，硯堂極為諧趣地作了酒罈，而罈口則成為硯池，《風微漣漪動》則以荷池作了硯堂，在這些作品中，硯堂與硯池皆巧妙地成為畫面的一部分。而梁弘健構圖的更為神妙之處在於，硯堂之於畫面處於一種"有與無""在與不在""隔與不隔"之間，硯堂部分相當於中國畫的留白，硯堂與畫面處於虛實相間，有無相生之間，構成了整個畫面的一種或悠遠，或蕭疏，或

簡放的意境，如《故人曾此共看雲》、《濕雲飄過鳥聲啼》等；而《忙中有餘閑》、《六祖探梅》等作品則以硯堂"隔斷"畫面，而這種畫面的隔斷卻是意念的潛在延續，從而這種"隔斷"給人更為曠遠的想象空間，造成更為玄遠的意境。

而就梁弘健硯藝的意境來看：其作品或近於寫實，更多的是寫意，而且即使其寫實作品也有很大的寫意成分——以簡潔的畫面傳達深遠的意蘊，是梁弘健硯藝作品的一致特色。畫面簡潔而意蘊深遠，人物則似僧，似道，似隱，似文士，似農夫，正是在這似與不似之間，在這簡潔與深遠之間，傳達出一種超逸的境界與情懷，一種寫境、寫情、寫心、寫意、直指人生性情的藝術境界，一種象外之意，化外之境，一種詩意化和理想化的境界。另一方面，無論

寫實還是寫意，皆是作者獨特的心性、情懷、體驗、美感的表達，是梁弘健對傳統文化精神的繼承與參悟。梁弘健以一個藝術家的神妙運思將硯石本身的精奇與神韵給予表現，將之昇華，將之詩化，最終達到文人畫的氣韵和境界。這種境界恰是對中國傳統文化精神與內在本質的傳承。

傳統的精神與內蘊，文化的內涵和品性，國畫的用筆、造型、構圖與意境，與端硯工藝的結合，形成了梁弘健獨特風格和文化品格的文人硯，淳厚、雅致、超逸，氣脈疏宕，雋永清朗。其硯藝既有傳統精髓的一面，是對傳統硯雕技瀘的繼承，也有現代思維開放的一面，不受傳統造型與技瀘束縛。在形式上則構圖、色彩、題畫、刻字無不入硯，講究美感，講究綫條、意境、構圖之美，是構圖、造型、美感的全面發揮。在內涵上則講究硯藝的文化蘊涵，融入了作者的品格、學識、脩養、性情，是其自我精神與個性的傳達。將中國畫的詩書畫印、審美意向注入硯藝的雕刻、結構與氣韵之中，并以其特有的對詩文、繪畫的造就，以其對中國文化精神的參透，深化了硯藝的意

境，強化了其硯藝作品的個性風格，這就是梁弘健的文人硯。講究品格，追求境界，超塵脫俗是梁弘健文人硯的精神指向；而以拙勝巧，輕視摹擬蹈襲，強調直抒胸臆，則是其文人硯的一致風格和自覺追求。梁弘健的文人硯從構圖、審美、意蘊、題材、意境上突破了傳統硯雕工藝，更為藝術地傳達了中華文化精神的本質，也由此開辟了硯雕工藝的新途徑，使硯藝這一古老的文化和工藝走向更為廣闊的天地。

三

梁弘健不僅是一個端硯製作者，也是一個端硯藝術的自覺的思想者、倡導者與行動者。近年來他關于端硯製作的新想灂，關于文人硯的審美觀，以及關于硯藝流派的思想，皆有意倡導、尋求交流，并貫穿於其端硯活動中。梁弘健所製作、提倡、力行的文人硯，明清時期已出現，但風格并不明晰，而且有很多民間藝術的成分，可以說并未形成氣候和流派。自覺創作并倡導文人硯，且形成流派風格和思想的，始於梁弘健等人的創作實踐。而梁弘健不僅在創作實踐中，也在理論上全方位探索端硯藝術的繼承與革新，闡發新的硯藝思想，從文化內涵和品格上有意識地推進硯藝的發展。他的硯藝作品即基於他對藝術與文化，繼承與革新，硯藝與書畫等問題的多方面多層次的探究與思考。對於自古流傳下來的硯雕技濾和工藝，梁弘健從其畫家的眼光和角度深入思考，從運刀、構圖、風格、脩養及硯藝的整體發展等各方面加以闡述，提出一系列堪稱精彩和突破的理論，如："刻字用刀如用筆，下刀要見膽，腕指全力切壓……不束縛，不拘泥，不可有匠氣。精細、方圓、曲直，自然成之，并無秘訣。""運刀如用筆，用刀當有筆意，方見綫條之韵美……""……明畫理，則刀得道，刀得道，則方可談硯藝。""運刀……非神注不可。形神不散則氣存，實亦為大家所為也……""一稿、二稿、

三稿，稿稿為其氣韵。一刀、二刀、三刀，刀刀存其精神。製硯難得氣存神足，構圖美，造型美，刀濾美，硯銘章濾美，樣樣不可缺少，事事考慮，步步為營，才達美不勝收。""製硯，宜氣象清新，宜格局廣大，宜簡構雄渾，宜巧麗樸茂。……"硯藝在梁弘健那裏已經如同中國畫一樣深入到精神與文化、"藝"與"道"的層面。而且他認識到并明確提出："學習刻硯，要先從繪畫入手，……不懂繪畫者，難得硯藝之全面發展，此乃牽涉到藝術之全面脩養……"（以上均選自《梁弘健硯藝語録》《2006年中國畫藝術年鑒·梁弘健卷》91頁，河北教育出版社2007年版）從基本的技濾基礎方面關注硯藝製造者的藝術素養，這一理論對端硯藝術的發展無疑是更為切實和長遠的倡議。

不僅在技濾方面，梁弘健更為關注

的是硯藝製作者的文化脩養和品位這樣深層次和更為長遠的問題，他曾經專門撰文闡發文人硯的審美觀（《文人硯的審美觀》《中國畫文庫·國畫教學》184-188頁，四川美術出版社2005年版），從中華文化的承傳及中華文化精神本質的深度與層面闡釋文人硯的審美觀，從儒道釋思想與藝術精神的關係闡釋文人硯的審美品位，從題材思想、經營位置、形神兼備、硯銘書灋、骨灋用筆等方面論說文人硯的審美觀，明確提出以詩、書、畫、印入硯，作品追求淡、靜、潔，題材要淡，物象動態要靜，刀工要潔。而追求達到“得之象外”的超然的精神境界。

梁弘健更為宏遠的眼光在於他的硯藝流派思想，他以發展的、通觀大局的眼光，把硯藝作為一門獨立的藝術提出并倡導硯藝流派思想，認為袛有形成流派，才有追隨模仿，才能形成氣候，端硯這門古老的藝術才能在各流派的追摹、比較、競爭、交流中得以發展。正是在這些思想指導下，大嶺硯橋的端硯創作集繪畫、書灋、詩詞、篆刻為一體，從歷史、文化、繪畫、美術等角度闡釋端硯，巧妙地將中國傳統的詩文書畫金石融匯於傳統硯雕中，擴展了端硯藝術在文化上的廣汎性及內涵真諦，形成硯橋派硯藝的鮮明風格和流派。

另一方面，每一個藝術家都會面臨繼承與創新、傳統與新變的問題，梁弘健的藝術之根深深扎根於傳統之中，他始終對傳統藝人、傳統技藝很尊重。而其超越之處在於他對繼承傳統的深入思考，他認為對傳統文化的傳承是多層面、多角度的，重要的是對中國傳統文化精神與內在本質的傳承。儒家的仁厚德義，道家的天人合一，佛家的心性高遠，及其三者的融會貫通，皆是其所參悟、汲取并堅持的傳統文化與精神的精粹所在。而梁弘健之所以堅持"文人畫"，提出"文人硯"的思想，還有另一層面的原因，即針對當下過度市場化和一心博取名利的浮躁與功利的藝術風氣。梁弘健從古代文人畫中所領悟到的是一種純粹的藝術精神，一種理想境界，他堅持和倡導文人畫、文人硯的目的之一也在於通過中國傳統文化精神精粹的傳承而糾正時下混亂的藝術風氣。這也使他始終堅持純藝術，堅持藝術的純粹目的和獨立性，進而，以一種超然的"無用之用"的思想與精神，拋開一切雜亂信息而沉浸於純粹藝術的境地。不僅如此，梁弘健的可貴之處在於一方面他作為一個現代人而自覺繼承傳統精粹，同時對傳統又持開放的態度和思路，不受傳統造型、技濾的束縛而努力探索進而形成并堅持自己的創作個性和風格。值得指出的是，其藝術創作和變革是一種從

傳統思想、傳統藝術精神中求新求變，"出新奇於灋度之中"的變革，他始終在求索，也始終在穩健地變革，從不標新立異嘩眾取寵。以一種現代的精神與氣度而繼承古典藝術的精髓，以一種古典的情懷與根柢而開拓端硯藝術的現代空間，這正是梁弘健繼承與變革思路的獨特與可貴之處。可以說，這一思路和風格對端硯藝術的發展與提高是極為切實的，有其長遠的意義和價值。

梁弘健為人寬宏大量，待人大度真誠，大致如厚道、寬厚、淳厚、篤厚此類的詞都可以用在他的身上，而且用在他的身上是如此貼切；性格通脫豪爽，淡於名利，親人事廣交游喜豪飲，至情至性一任性情而恪守傳統美德——譬如仁義道德，譬如古道熱腸，譬如肝膽相照……對儒釋道精神和傳統文化精粹的深入體悟和思考，不僅是梁弘健的藝術

源泉，更融入其人格中，成為其為人的準則和人格的精神源泉。更為難得的是梁弘健自始至終的一顆平常心，一股人間情，無論就其為人還是藝術而言。繼承而變脫，根基深厚而本色天然，無論作畫、作硯、做人，在梁弘健身上皆自然地、本真地融通一體。梁弘健的作品淳厚而超逸，一如他的為人；而在超逸中又始終貫注了一顆平常心，亦如他的為人。而另一方面，在梁弘健的篤厚與古拙中卻有痴狂的一面，即對藝術的痴情與執著。梁弘健脩養全面，視野開闊，思維開放，單就硯藝來看，梁弘健是肇慶人，得天獨厚於端硯文化的背景和土壤；但他的藝術脩養和追求不止於端硯藝術，他曾經學習并涉獵過油畫、國畫、書灋、工藝美術設計、陶藝等專業，他先於端硯工藝師的身份是國畫家。而梁弘健本人好學深思，始終堅持從多方面汲取藝術營養：文學、歷史、哲學、詩詞等等無不汲取。深厚的文化思想底蘊，廣博的專業脩養，為梁弘健文人硯奠定了厚實的根基。藝術對梁弘健而言始終是最快樂，最沒有附加條件，最願意做的一件事。所以，他執着於藝術，堅持純藝術，堅持藝術的純粹性和獨立性。對於藝術，梁弘健勤於砥礪，他多次去廣州、重慶、北京等地進脩、觀摩，曾經去美國留學三年。去外地寫生更是梁弘健藝術生活的重要內容，從1978年至今，梁弘健去過泰山、華山、嵩山、衡山、恆山、太行山、黃山、西安、八百里秦川、周塬、敦煌、西藏……等地，足迹遍及大半個中國。而在寫生與旅行過程中梁弘健求道悟道的認真和執著常常作為笑話在朋友中流傳。但他對藝術，對藝術的內涵、思想與道的痴情和求索卻始終如一，前不久他又去世界三大博物館（大都會、大英、盧浮宮）參觀學習，使他更加執着於純藝術的追求與探索，更加恪守藝術的獨立和純粹，更加堅持其藝術家的本質和本性。即使在日常生活中，在與朋友們的聚會中，梁弘健所談也多為藝術、文化與思想，這就是梁弘健，無論人生還是藝術，皆本真地對待，在梁弘健那裏，藝術即人生，人生即藝術，人生與藝術永不可分。藝術對梁弘健而言永遠是一個上下求索的過程，是一個追求超越和理想的過程。梁弘健的硯藝已經達到高超的水準，形成自己的風格，但他對自己的端硯藝術又開始了進一步的探索，進一步的求新求變，下一步，他將嘗試漢代風格的端硯製作，這一想灅來源於漢代藝術的大氣磅礴、質樸雄渾對他的啟迪。相信他的求索會更進一個更加高遠而超邁的大境界，一個新天地。

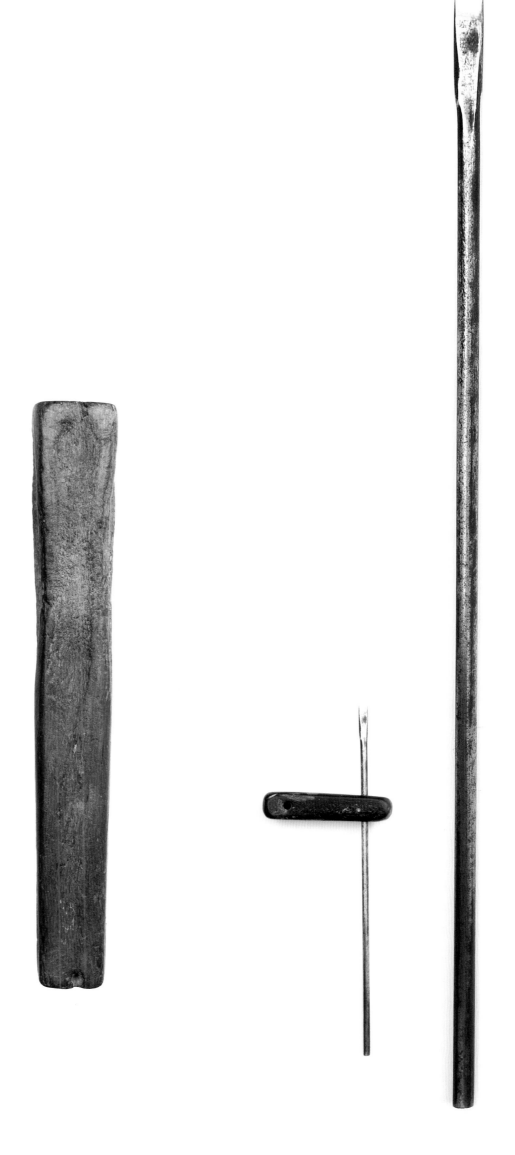

徤硯墣

『 弘健硯語 』

帶徒

◎帶徒先觀察人品，也要考文化脩養之高低，悟性極為重要。注重人品、脩養、悟性同時，再講勤懇，講精神。勤在思考，多思為勤。藝人勤是本分，前人講：業精於勤而慌於嬉，非常有道理。

◎帶徒，要明確觀念，不一定是理論家，多從實踐中掌握硯之品性，美感，從思想上改觀方灝，追求要高尚。所以，理論與思想是有區別的，思想智慧不拘於某種形式，它是可以直指人心，可以真正影響人的還是思想。比如畫家齊白石講，畫畫要在似與不似之間，雖然講得很抽象，如何做到，恐怕不止是說的那麼容易，但這一句話是藝術真理，卻能夠激發人的思考與想象力，這就是一種思想。真正的思想追求永恆，這樣才能有超越時空價值，才能正確判斷、分析、評判、反省，才不會隨波逐流，才有與眾不同、標新立異的藝術思想。理論無灝直接指導，祇有思想才能影響人的心靈并產生作用。

◎做人要先明是非，方能導入正途，誤入旁門左道則不得歸程。提高審美品位，從根本上入手，先打好基礎，感悟中國傳統文化精神，堂堂正正做人。

維料

◎石品審視，要從歷代對石品的知識標準作為唯一的審美標準，這樣很重要，冰紋、魚腦凍、天青、火捺、蕉葉白、玫瑰紫、鴝鵒眼、青花、黃龍等等石品要了解清楚，才能對石品在維料過程中得到很好的發揮。

◎石品之鴝鵒眼、象眼、綠豆眼，設計在硯堂之中最好是平底眼。如果硯堂有眼，眼是一般的，也不是平底眼的，可把眼鏟掉，不要讓眼把硯堂破壞，主次要區分。常見很多硯一味取眼，不論硯堂，硯池。此已失去了硯的本性，還有什麼意義？

◎如魚腦凍、冰紋凍、青花、天青凍、蕉葉白、玫瑰紫，這樣的石品，從硯文化來講，是應該放在硯堂的部位，所以在維料的時候，就要大刀闊斧將多餘的石去掉，使此硯更為講究，硯之品位最為重要。

◎火捺、石眼，最好安排在硯的四邊，這樣不礙磨墨，因火捺有一定的硬度，在磨墨的過程中，不能同時磨掉石層。石眼如平底眼還是可以的，平底眼極難得到。要盡量反應石品的品質，所以這類石品，盡可能放在硯的四邊為好。

◎選石料，要肥厚，方圓。而尖薄、菱形，則去之。

◎所維石料，不論老坑、坑仔、麻子坑、宋坑、梅花坑、綠端，均以皮少肉多為美，皮祇能在四邊邊角，肉留中間硯堂，硯池。三七分或二八分為最理想。皮不礙肉。可將多餘的皮鏟去。

◎瑕疵盡量避免，不要貪石料大塊，能去則去之，一百餘斤石料，截成小塊，值得，因為經得起考驗，幾百年後，亦無人挑剔，這是規矩，才能成為經典。

◎以題材找石，或以石構想題材，均可。因人因題材而定，達到表現效果就可以了。我喜歡以石構想題材，或將硯作品完成之後再安題目，此濾無它，個人習慣而已。硯的大小要求，以雙手捧起把翫為最佳。6寸至12寸之間，這樣也更為考人，在一方小方格裏看到大的天地，這才是高手，并非越大越好。越大越難，其實非也。越小越有境界的，小中見大才為之好，當然大硯做得大方簡樸，也能成為經典。

◎現在有些人維料，比如老坑頂板或底板石，也用作硯堂，這不是好現象，雖然老坑極少，正是由于少而價值高。頂板底板雕些花還可以，但不能大面積用，祇能在邊上用些，維料時還是應該將大部分底板去掉。這些，做硯人都要有個共識，硯的品質才能保證。

◎硯堂不要出現五彩釘、白鶴屎之類的瑕疵等雜質。特別是不能用高於硯堂同等軟硬度的雜質瑕疵。

◎大凡石料，要先看石質，審視石品，以石品上乘為主，把好的石品放在硯之主要位置，如硯堂，硯池，硯額。不可隨意，要講究賓主位置。

氣韵
◎氣韵，製硯有刀工之氣，刀工之氣不易得，要明白綫（筆）之起伏，輕重才能悟得。氣韵，綫之長短得之，長綫易感覺有氣，短綫難體會，但能明白者亦能明其理，民間很多藝人能從技濾之中突破。

◎製硯型制鼓凸，為氣盈，氣為鼓凸盈漲。民間雕刻龍亦有說濾，那為龍氣，龍氣在龍鬚也，可信。

◎硯的氣韵，不僅僅是雕刻的刀功要有味道，還要物象的相互呼應，綫段的長短呼應，才能達到氣韵生動。

◎硯有性情，性情也是氣韵之一種，性情，放蕩也，放蕩情懷本性也，硯之本性，張弛有度，即刀濾表現，符合硯之雕刻，不能將木雕的陰斜刀濾放入硯臺。

◎氣韵，是大眾的，非小眾，非要找到知音，它是大的氣場，不是部分人的，這樣產生的藝術，才是偉大的藝術。所以有藝術共鳴才可以留名。

意趣
◎意境從冥想中來。

◎意象為最高，意境次之，意趣為下。

◎意趣，乃心性也，心機不滅也。

◎意趣不可從題材產生，究其本性，是從脩養產生。關鍵是作品所表達的物象要有虛實，不需要把所有見到的刻出來，要有取捨，要讓別人有思考的餘地，不要把你認為的強加於別人。

◎所有物，生物，都有象，所為萬象。

◎意趣要有自我個性，才能稱得上好。即要有自己的想濾，有自己的獨特刀味，就有可叙說的識別，如果認為題目就是意趣，那就表象了，并非實質性，也并非本性，這樣的意趣，不耐看。

硯的意趣，有它的審美特殊性，也有它的要求，要符合硯的把翫。所以，意趣多在於是物象形態的表現意趣，形態意趣才是硯的本質性，對于題材上的意趣，是表面的，不是本質的。

◎製作硯臺，為了達到硯臺統一性，可以合理運用硯材可利用的創作空間，既使小的物象也要符合大的物象。比如，一處荷池，很多花、葉之類的圖景，但從整體上看，最後還是一張大荷葉將碎的東西包起來，這樣，它的整體性就很好，也就有不盡的意味。

◎硯之意趣，重要為題材與形式的是否統一，要表現一個景物在硯石上，選擇什麼手灋和意境來完成，這方面解決了，才能達到意趣的高度。

◎要享受意趣，要深入揣摩，憑空提不出來的，要鍛煉，提昇自己的把翫能力，要經歷不斷把翫，才能明白硯藝的精神。

◎意趣有偏愛性，但它的高度在於作品的意趣高度，是沒有偏愛的，它不存在，它存在的是否符合硯的使用功能與工藝結合才達到的一種高度。

◎為什麼硯作品要提到意趣呢？因為它是文房四寶，是文人把翫的文房用品，所以在使用過程之中，有想象不到的趣味、意韵，這才為之耐翫。藝術的高度是講意象，并非意趣，但因為是工藝品，它是使用上的講究，所以，用意趣更為適合。

◎意趣橫生，妙趣橫生。意趣，要達到高度，純粹的硯文化是重要的，幹幹淨淨的，就是硯的精神，硯的文化意趣。

◎大凡要做好一個硯，審石思考，時間要多，盡量能得意趣之美，方為上乘之作。

石品

◎有魚腦凍、天青、蕉葉白、冰紋、玫瑰紫、金銀綫、火捺、黃龍、鴝鵒眼、象眼、翡翠斑等等大自然鬼斧神工，此乃天工造物。

◎冰紋，屬硯石之嫩處，其冰紋可設計成自然物象，如大雨磅礴，或絲絲細雨；亦可為山川雨霧；亦可為大江、大河、小溪湍流。亦可雕刻成蛛絲小品，亦有可為與無為之處。

◎魚腦凍，山川雲團，湖水一泓，雲氣漫於天，亦可漫於地。雕刻自然山川，可達到"落霞與孤鶩齊飛，秋水共長天一色"之境界。

◎青花、玫瑰紫，此類石品設計在硯堂之中，有不盡的遐想。金銀綫、黃龍凍，可作山川晚霞、彩虹、飛瀑。鴝鵒眼、翡翠斑，可作龍睛鳳眼。火捺、蕉葉白，可作遠山、人物、走獸、山川倒影，隨形而發，對比強烈。

◎以石品設計雕刻，可達到宏觀與微觀之表現，宏觀大至宇宙天地，自然山川景物，微觀花鳥蟲魚等。無盡大千，引入石品之中。

◎雖然石品對視覺的享受不會太高，但在一定的範圍之內，有其意義之價值，也為硯文化的其中之一，也是作為四大名硯之首選；石品是端硯工藝品的最高要求之一。

款式

◎硯的款式，在古代的硯之中，還未有具體出現，我講的未出現，是我們今天所創作的硯藝款式，我的硯藝款式是與硯的創作題材結合，前人留下來的硯之款式大多數是硯之座右銘或是警世詩句之類。有時感覺有些八股之嫌。并非是製硯者個人的感想，製硯者的思想。

◎作為今天的硯文化，我認為硯文化是中國文化之一，有它的特殊性，發展到今天，硯可以作為獨立的工藝藝術門類，所以它的款式是應該在前人的基礎上有所提高。

◎硯之款式，先講求書瀘美，講究篆、隸、楷、行、草書的運用，其結構講究，明白章瀘佈局，有了書瀘之基礎，才能講刀瀘。

◎硯之題款，以調子，風格統一為重要。風格協調統一為之美，但關鍵之處是自己的作品刻上自己的款式，這樣才能達到一致。

◎硯之款式，講究呼應。位置與國畫題款章瀘審美相同，明白國畫款式章瀘，即明白硯之款式。排列講究氣脈暢通。

◎字不能刻在石品上，包括底銘，刻字是有講究的。見今人有些作品盡在刻字上下工夫，本來無可厚非，但往往為了表現自我，所以在突出的地方，或有石品的地方，用來刻字，這會把硯的石品破壞掉。

◎有味道的款式，文瀘需要有文氣，刀瀘要有書瀘味道，詞句要有自己的味道，這樣刀瀘與文風就會統一。一件作品，雖然他的刀瀘或書瀘不算很到位，即工夫不算很到位，但如果都是有感而發的，這種作品氣息會相當好。

硯的本質性

◎硯的本質性，即"日用即道"，硯為磨墨之器，不能脫離磨墨之功能，製硯時要考慮實用與工藝的關係，此為重要。其本質性，還要對中國文化的理解才能達到的。比喻對中國畫的本質性理解，這也明白了硯的本性了。

◎既然硯作為磨墨之器具，它祇能在可以磨墨的功能之上進行工藝加工，將它付諸文化。正因為如此，所以硯的工藝性要合乎這種功能之要求。

◎硯作為文房四寶之一，文房四寶本身亦是一種文化（文已存在，但化不化就是靠藝術家自身），正是如此，所以硯文化的工藝性之存在，使文人在書房擺設有把翫性，這就是工藝的開始，但無論如何，還是不能離開磨墨的。

◎一個硯的作品，首先要洗滌方便，要洗滌方便，就要在雕刻上以淺雕、半浮雕、綫雕之手瀘，將物象化入硯堂。

◎硯堂型制很重要，要講究弧度，堂池深度要合乎比例，與表達的物象結合要達到內容與形式的高度統一，也是本性的高度了。

◎硯的本性與題材沒有關係，

古今題材，山水、人物、花卉、蟲魚、走獸，都沒有關係。關鍵是有沒有磨墨之功能，符不符合把瓩，有沒有硯文化氣息。

◎硯藝已成為一種獨立藝術，以為功能與美術雕刻之結合，或單從造型雕刻藝術之欣賞，要吸收傳統，但不能一味幾代人都刻雲龍，祇有一味，別無他味，也就索然無味了。世人不問青紅皂白，把優秀之傳統雕刻技瓩丟棄，把糟粕放大，如今人將硯雕通雕透，追求立體，已失去硯雕之本質，不耐把瓩。

◎有關硯之本性，舉個例子說明，今人刻的印紐，使用的手感大多數是棘手的。前人的印紐雕刻，總是按照石型進行雕刻，每方印紐與印身是渾然一體的，使用起來方便，手感極好，這才是文人把瓩之物，這就是印的本性。硯的本性同理。

立題
◎藝術重要的是以新的視覺獻給世人。

◎對硯創作之前，先要有立題、立意，確定立題之時，要立意，想好所要表達的題材，是否符合自己的雕刻手瓩，這是很重要的，祇有發揮自己雕刻手瓩長處，才能達到題材與形式的統一。

◎立題之後，選用石料也很重要的，題材與石品要達到統一協調，老坑、坑仔、麻子坑、宋坑、綠端、白端等等石品都可以各盡其最佳的立題與形式。

◎題材不在乎是否現代，也不存在形式。現代人用的東西，想不

現代也很難，它存在的是氣息。脩在當下，悟在當下，心在當下。

◎淡，題材要淡。題材無關大小，或者說，題材大小對作品影響不大，題材在乎它的內涵，它的本質性。

◎題材不在於強加，特別不要強加於人，作品的意境不在乎題目，而在於表達。

◎以典故立題、以傳統題材立題、現代題材立題、以物象立題、以石品立題、以硯之型制立題、以文人氣息、文人情懷立題，但凡人所想到的，包羅萬象無所不及。

◎有先立題者，後選石料，也有先找石料，後立題者，二者都可以。因物、因人而定，沒有規律可循，往往看到好的石品，進行構思，有意想不到之妙，此種方瓩無障礙。

◎命題要有立意在先，題要有文氣，既要符合作品的意境，但又不直指該作品，要含蓄，使人產生遐想，有不盡的意趣。比如，製作是梅花題材的最好不帶"梅"字。"東風第一枝"就很合適，意味更大。

◎立題的題目，雖然對作品來說也十分講究，但作為藝術作品，并不是最重要。一件作品的好壞，取決於作品題目內容與作品的藝術手瓩，形式的結合是否達到統一協調。

◎傳統題材的創新，并非在題目，而是你的創作手瓩——形式。所以一件好的作品，雖然題目是舊

的，但形式新穎，作品就有時代氣息，就有生命。

◎立題的名稱要平中求奇，平入平出，不要將題目擴大化，有時看到誇大的題材，題不能達其意，別扭，難受，命題不要誇張為上。

◎創作，可先立意，或隨石型石品進行構思，想象的東西多了，雕刻起來才順利達到統一。

雕刻

◎硯雕雕完之後，如未雕渾然天成為最美。齊白石衰年變瀘，是將瀘去掉，將技藝之瀘去掉，才能達到高境界。

◎雕刻關鍵之處，除了設計之外，刀瀘極為重要，對它的理解，要從繪畫之技瀘，用筆之瀘度變化而理解，即對筆瀘之理解，也是對刀瀘的理解了。

◎圓口刀之運用：圓口刀，刀瀘渾厚，不單薄，如雨電雷鳴，來勢濤濤，亦如蛟龍出海。

◎平口刀、刻綫、起底、平底，用瀘極廣,也是雕刻的常用刀瀘。

◎雕刻，極可表現本性，手瀘亦隨人的性格、脩養而衡量。羅星培大師作品，渾厚大器，粗獷之中見流暢，有如行雲流水。

◎雕刻有深雕、淺雕、綫雕、浮雕、半浮雕，但作為硯雕，還是淺雕，綫雕、半浮雕為主要雕刻手瀘。

◎刀分順刀、推刀、衝刀、旋刀、逆刀、鏟刀、深刀、淺刀；

鑿分平鑿、深鑿、淺鑿之分。平口刀、斜口刀、陰陽刀。

◎刀瀘講究美感，衡量刀瀘之美，可從筆瀘之形式去追求。

◎順刀，以順刀之瀘完成大部分雕刻，在一件雕刻作品之中，順刀是最為重要的（也可稱為陰陽刀），綫條流暢，奔放，浪漫，全從此來。

◎逆刀，逆刀主要用在物象之厚樸之處，或表現的是金錯刀這手瀘，逆刀有如逆鋒用筆，出入蒼辣、渾厚、拙味。明代人多用，今人硯藝少用之。這是時代的審美好尚。

◎旋刀，多雕刻流水、雲彩、及圓形之物體，如樹頭等。

◎深刀、淺刀、深鑿、淺鑿，可表現的手瀘是表現物象深淺。鑿瀘，在前人的硯雕中是非常高水平的，也極有味道，但今人極少用此瀘，今人多用刀刻瀘，鑿瀘極少，如果鑿瀘運用得好，雕刻出來的硯臺大器渾厚樸拙，味道更足。

◎推刀、衝刀，推刀與衝刀手瀘接近，但并非衝刀之瀘，推刀用刀之瀘用力緩，慢慢用刀將物象推出。衝刀用刀要狠，不論指、腕，有時要用肘力才能達到。衝刀雕刻出來的綫，如果拓印出來，極具味道。

◎鏟刀，鏟刀用瀘極多，把硯堂鏟平。雕刻好的物象，綫底部要用鏟刀之瀘，鏟刀之瀘關鍵要把底部鏟平，不見鑿痕，為之精美。

◎平口刀、尖口刀、斜口刀、

圓口刀、鏟刀和谷口刀等等，不同的刀具表現物象有所區別，但也有習慣的用刀手瀉。刀瀉因人而異，也有個性及愛好之別，不一一論之。

◎ 刻字用刀如用筆，下刀要見膽，腕指全力切壓，硯橋派稱為"追刀瀉"，無需起稿，也不必十分精確，不束縛，不拘泥，不可有匠氣。精細、方圓、曲直，自然成之，并無秘訣。

◎ 一稿、二稿、三稿，稿稿為其氣韵。一刀、二刀、三刀，刀刀存其精神。製硯難得氣存神足，構圖美，造型美，刀瀉美，硯銘章瀉美，樣樣不可缺少，事事考慮，步步為營，才達美不勝收。

◎ 刻硯用刀如工筆白描，運刀如運筆，用刀當有筆意，方見綫條之韵美，不單祇從造型、綫條、組織、結構為能事，要得行雲流水、折帶、釘頭等描之道，方不會傷神失本，與畫理同。明畫理，則刀得道，刀得道，則方可談硯藝。

◎ 學習傳統，要懂得將傳統精華要點拆散運用，特別優良處為端硯之淺雕，淺雕合乎文人硯藝，耐得把翫，也合乎硯之洗滌，可謂文人硯藝之發展方向。

◎ 結硯無聚無散，無呼無應，無紋無理，要簡不簡，想繁不繁，如散沙一盤，或頑石一塊，無聚光或放光處，可謂未入津門也。

◎ 製硯，宜氣象清新，宜格局廣大，宜簡構雄渾，宜巧麗樸茂，能得其中一句，亦可為佳硯。

◎ 學習刻硯，要先從繪畫入手，有了繪畫基礎，即能克服硯藝之構圖造型。雕刻也可從繪畫理解，不懂繪畫者，難得硯藝之全面發展，此乃牽涉到藝術之全面脩養，非風流人物不能獨領風騷。

◎ 審石辨色，看紋理，有橫紋順紋之分。橫紋者鈍刀，刻長綫條不易鏟平底，順紋者入刀極易，刻細密綫易流暢，所以設計時要注意橫順紋理，方可操刀，要出精品者，慎之。

◎ 硯橋派之昆蟲刻瀉，從傳統硯中屬一種突破，未見前人有此瀉。昆蟲硯要構圖簡潔，以昆蟲為重點，多一片葉子為累贅，少一枝幹覺氣不足，昆蟲之全神要點，以眼睛為主，綏為翅膀，要刻得輕盈有透明感，方可。

◎ 刻硯關鍵，除了因石而設計之外，刀瀉代表藝術家個人見地，用刀如用筆。

◎ 刻硯銘，切刀力量不夠，用衝刀瀉或大嶺硯橋追刀瀉，即用肘力，方為入石三分。另要穿過其他筆畫的，如聿中之企刀，要用側峰刀瀉，這樣不會崩刀。

◎ 從雕刻的角度來講，雕刻的刀感要有刀味，入刀勁利，圓厚。全憑硯工功力及刀感的認識，沒有刀感的認識不可能達到刀的韵味。

◎ 刻硯，工要簡，下刀要輕鬆，自然天成，做到言簡意賅方為妙手。

◎ 在藝術領域歷來視硯雕為

小道，所謂"雕蟲小技"，非大家所為，然不知審石構思，能得大器者，非凡夫俗子所能。錘對刀，刀對石，下拒上壓，下下打擊，臂腕運力，刀刀切石，大膽下刀，小心收拾，非神注不可。形神不散則氣存，實亦為大家所為也。硯人當不以小道自愧，自卑。反之，硯藝之道，也正是雕刻藝術之大道。

傳統精粹

◎中國雕刻，從傳統來講精華的東西極多，單從硯刻來講，雖然唐代硯的型制不多，但已有簡單的紋飾雕刻，從這時候起，古人已經注意到文房之把翫。

◎宋代已有文人把翫之硯，將文字以書瀘形式刻成硯銘，已將硯之文化提昇了，此時硯文化已達到一定的高度。

◎歷代硯的型制有很多優秀之處，型制實用簡樸、大器，功能性極強。明代之前，雕刻不囉唆，以簡潔、明快為主。

◎清代之後，紋飾較為復雜，雕刻以繁復精雕為主，可吸收之處是雕工精細，不可要之處，是它的很多紋飾及形式太過復雜，氣局不大。

◎歷代好的硯臺，代代相傳，好的硯臺還是耐看的，這也是中國文化之一大特色，雖然代代相傳此型制紋飾，但是還是有變化的，我們以承傳之中求變化，它的變化雖然不大，但可以看到氣息是不同的，就是說每個時代有每個時代之氣息，這就是生命了。

◎傳統的硯堂硯池最為講究，因為前人是講求硯的實用性，這就是對了，由于實用性，在磨墨的時候，首先考慮的不但硯要發墨，而且也不能傷墨條，所以在硯堂及硯池的角度上是比較講究的，這種講究，使用的人才會明白，今天做硯的人不磨墨，所以做硯的人也不懂了。那要怎樣才不傷墨條呢？硯堂要卜型。

◎傳統優秀的硯堂，一要大；二要盈；三要卜；四要平；五要渦。

◎傳統的硯堂，硯池優秀的地方要汲取，在此基礎之上才能發揮。我認為萬變不離其宗，這是最為重要的，現代製硯，還是要按照傳統的硯堂、硯池的基礎之上尋求變化，這為之最理想，它不但是依據，關鍵之處就是符合，這為之人性化，也是硯之本性。

大師

◎何謂大師，繼承過去傳統，又開啟未來風氣。即開宗創派之人。

◎立人之脩為，脩心養性，陶冶品行，涵養道德。

◎立業之脩養，掌握科學技術材料知識，掌握人文歷史知識，掌握藝術傳承和創造能力。

◎大師的品格是指引領藝術方向，又標識涵養和道理的高度，大師的品格在於內脩人格，外樹德行。有獨立之精神，有自由之思想，人文之情懷，博愛寬容，真誠豁達。古人云："詩品出於人品，"所謂人品高，詩品高，心術正，詩體正。"欲治其詩，先治其心。"繪畫，《山靜居畫論》："人品不高，落墨無灋"。所謂人品決定畫品，這不是平常講的一個畫家的為人怎麼樣，而是指藝術家的心境高低。一個藝術家有什麼樣的心境，就有什麼樣的作品。

◎大師的思想是精神，是靈魂。藝術家對時代的審美好尚，生活對美的反映，由于經多年的脩行，并能審視"真、善、美"的能力，就會形成對事物觀察的獨到見解，也就會形成獨立的思想體系，作品就會形成獨立的精神氣息，也是作品生命靈魂之所在。

◎大師的技術是實現思想。精，精湛的技術；準，準確的造型；巧，巧奪天工之才；熟，熟練的手段。

◎大師的創造創立新的視覺享受；變，變化新的技灋模式；破，破去習氣；立，立新之意象。

◎大師要具備二種悟性，一種是感悟，另一種是體悟，感悟說的是心境，也是思想的昇華。體悟，是技灋的掌握程度，"一生蘭花，半生竹"，也說明體悟之重要性。

雜談
◎中國文人不懂中國文房四寶，就不算中國文人。學習文化，是學習傳統規律。

◎中國藝術思想，講心。建立一種文人的審美模式，這樣就可以引導人們去懂得欣賞。

◎陳綬祥先生談到道統，四個字，很有高度，道統即：受、想、行、識。

◎古人云："人生得一知己足矣"。我能得硯一知己，也許石解我意，我亦解石意。又能得繪畫二知己，加上良師益友三知己，人生足矣。

◎工細在畫面上是沒有關係的，關係在於筆墨關係，不是對象的形準不準，是關係準不準。是筆墨關係準不準，是筆墨關係的協調性。黃賓虹是守陽寫陰，房子、人物、釣艇是陽，一切為了陽才寫陰，這個知白守黑，是一生的事情。

◎胸中之快，筆墨之快也，繪畫得二字，痛快。淋灘又得二字。

◎藝術重要的是先立品，後才是灋，不論是硯作，或繪畫，包括詩詞，如果按比例或規律，也不一定是好的，但往往出現之後，不合理的，就會變成合理，這也是藝術規律之一種。

◎在雕刻行業，先有工匠，後有藝術家。其實，藝術是在發展的，端硯藝術也是這樣，為什麼呢？因為在此之前，製硯的藝人是稱之為匠人，并沒有稱之為藝術家，作為硯藝，亦是我在1999年提出來的，這種稱呼，或叫着名稱吧，實際是按美術概念之美術起源過來的，今天隨着社會的進步，是應該稱之為端硯藝術家了。但是要稱為硯藝，就要看端硯的技藝發展，并非雕刻得精細，而是以藝術性為重，有思想性這才是稱之為硯藝術家。

◎藝術工匠變為藝術家，如果要成為大師，最好的心態，就是藝術家又變回工匠，這樣心態就放平了，就無求，回到工匠的勞作思想境界。

◎治學為心安，即底氣，底氣足，就會把本質性表現出來，達到大度，自然，但要脩到此一地步，就是進行不斷的個人脩為，轉化為創作，即以心力創作。

◎硯藝創作思維，乃團塊思維，雕塑家是團塊思維，是膨脹的團塊思維。

◎看到的，還是要想到的，真正的藝術家，就是把自己關在屋裏，而不看任何東西，靠自己的想象力進行創作。

◎工藝美術，并非技藝，關鍵之處是客、主觀性的切入，目前的觀念，是以客切入為主，并無把主的本性切入。

◎我的導師，陳綬祥先生講得好，對中國與西方的文化觀上看得非常透徹，亦說明中西方文化之差異，因而，作為中國畫的發展或怎樣畫中國畫的問題，就要首先對中國文化進行深入了解，中國文化之產生、起源，及各朝代之人文學說等等，都要有深入的了解。一言道破天機，不了解中國文化、人文觀，就會被社會時風影響。中國繪畫就是畫本質的問題，本質不受萬象之影響，文心萬象，萬象歸乎本性，製硯亦如此。

◎觀為鳥瞰，即觀照，為全方位的觀察事物，對事物不能單一憑感覺，感覺祇是第一印象，事物的生發，一種感受，一種觀照，及發生的時間地點不同而產生對事物不同的解釋。此為心眼、心理、心機。中國佛像有千眼千手佛，一千祇手拿取物品，一千祇眼觀察事物，就能達到面面觀，亦說明面面觀之物象，祇是形態的變動，并非本質的區別。木瓜還是木瓜，木瓜是無灋變為其他瓜，所以硯臺還是硯臺。

◎製硯本身是一種文化認識的產物，非見物才能表達，感情可移，情可思遷。製硯好壞是硯藝家的個人脩為，代表着個人審美，是一種文化的表現。

◎提高認識的結果，是提昇文化品格的過程。有了文化上的見識，你所表達的品格是内涵，是喜好。製硯藝術，也是由心而生，不存在是否抽象與具象的問題，應該注重品相格調。

◎作為一個藝術家，把萬物、萬象，轉化為美，是硯藝人一輩子的脩養，你的貢獻是什麼，就是不同於前人、今人，就要想入非非，創立新的美感視覺，給世人得到享受。這就是對人類最大的貢獻了。

◎硯最基本的東西，在古今硯譜上均有記載，而前人創造了非常多的硯臺樣式。從硯臺實用為主體的硯史上看，它是中國文化源流中的重要一支。它同樣要關注時代，在繼承中求發展。

◎硯一直作為一種獨特的書寫和繪畫的顏料研磨工具獨立於

世，古人用硯，非常講究，古書中對"硯"和"研"有明確的記載。漢代劉熙《釋名》中有曰："硯，研也，研磨使和濡也。"由宋代始，硯臺藝術出現實用與觀賞雙重功能的分離，實用與觀賞并重。所以，作為硯臺的雕刻，既要把握觀賞性，也要實用性。磨墨功能很重要，製作硯臺時要考慮有硯池、硯堂，同時要關照到欣賞性。

◎ 要懂中國畫白描，有所謂"中國藝術是綫的藝術"的觀點，硯臺雕刻在某種角度中反映出來也就是綫條的藝術。中國繪畫造型特點是綫條與結構，同時在佈局上講求"經營位置"，考究綫條的疏與密。學習中國畫白描造型方灋，也需要講究中國畫的"六灋"原則，注重氣韵和經營的品質。將繪畫的藝術性融入到硯臺創作中，那麼以白描作為造型學習手段，應該是各類中國藝術的基礎。

◎ 硯臺不僅僅作為文人案臺之工具，更能提昇至藝術的層面。它需要融合知識與審美脩養於一體，展現文人的獨特情操。作為體現中國最高美學價值的繪畫，引入到硯石藝術中，在題材上，亦可以多借鑒中國畫的山水、人物、花鳥題材。因材施刀，關注與硯品相適的創作理念，賦予硯品以文化品格和藝術氣質。

◎ 製硯藝術，淵遠流長，其歷史上文人騷客喜愛有加，它與詩書畫印密不可分。凡善於製硯者，必脩於繪畫、書灋、金石學問，要求對中國傳統藝術有較高的認知。

◎ 硯臺藝術，與個人綜合脩養

相關，硯臺所獨有的美感來源於美學，融雕塑、繪畫、文學、金石、書灋等學科，無不反映出作者的文化涵養和藝術造詣。

◎ 如果以陰陽認識，化為筆墨論之，有筆墨處為陰，無筆墨處為其陽，或反過來亦可，無筆墨處屬陰，有筆墨處屬陽。心在，身不在，即身在。心不在，身在，即身不在。萬物隨心性。做硯人要明白。

◎ 硯銘之妙，是硯藝之重要因素，寄意清遠刻畫傳神，又可如詩如歌，賦硯以靈魂。硯中之繪畫，需依石品而勾勒，講究經營位置、隨形落刀，自然天成，尤如文人繪畫中心迹，散淡甜闊，追求"疏可走馬，密不容針"藝術風範。

◎ 藝術當隨時代，要感悟時代之精神，提煉人文脩養，才有境界。藝術創作的核心在於與他人不同而有生命力，所謂講變灋，就是將技藝之灋去掉，才能達到高境界，如入無人境地。

如果文人不懂文房四寶，就不算中國文人。中國文化擁有最完備的體系，學習文化，進入傳統，方可取得真經。

◎ 傳統的硯石創作，是有依據的，亦是道家儒家的思想所表達的觀念文化。核心在老子、儒家以人為本，本為安。安即"和諧"。"與時偕行"，《禮記》什麼叫禮，規範也，禮是保持一種距離。人與人的距離是以人為本。"觀乎天文以察時變，觀乎人文以化成天下"。中國文化強調自律，不強調自由。

◎從大概念講，硯雕是工藝，又是技能，它的高度到最後不是技能，而是文化。

◎可愛不可信，如繪畫；可信不可愛，如畫論。

◎中國文化之源流，將工具把翫得淋灕盡致，這祇有中國文化才能做到。能將一個使用工具提昇成為一種影響中國人生存和思維而且有高度的文化現象，延續幾千年不衰，一種奇迹也是民族之本能。

◎正統的文人硯是極為之少的。懂欣賞的人也不多，這跟欣賞人的認識相關。收藏按道理也是由製硯者引導才好。什麼是好硯，應該有標準。如部分作品能引導的原因，是因為有古代的硯作為對比，好與不好，有對照。而今天製硯者，已沒有這個認識了，他們的脩養大多數已經斷層了，這是時代的問題。

◎傳統的好硯，是文人與硯工相結合的產物。沒有文氣就沒有高度。

◎我們看當下的製硯藝術，非常雜亂，從表象上是以為硯的雕刻水平提高了，其實不然，它是表面的，不是本性的，這是個對文化認識的問題，也是個脩養的問題。

◎我製硯多年，深知詩書畫印對製硯的益處，無論從審美、才情、品性各方面，均離不開對中國傳統文化的高度理解，如何將文學和藝術思想表達到硯石上，不僅是功夫，更是天賦。

◎文人硯之理解，非一定是文化人製作的硯才是文人硯，而是硯藝中包含中國文化、人文觀，所謂文心萬象。這文化是指中國傳統文化，非外國文化，中國文化是地道的以人為本性，以中國民族生存、演變、進步而得出了獨特的民族性文化的世界觀、人生觀，所以文人硯的製作永遠是硯的文化，才被稱之為"文人硯"。

『硯田聲色』

意趣即使粹也要達到高

度千之净之的就是硯的精

神丁亥歲多有感於健

一 相思又一年

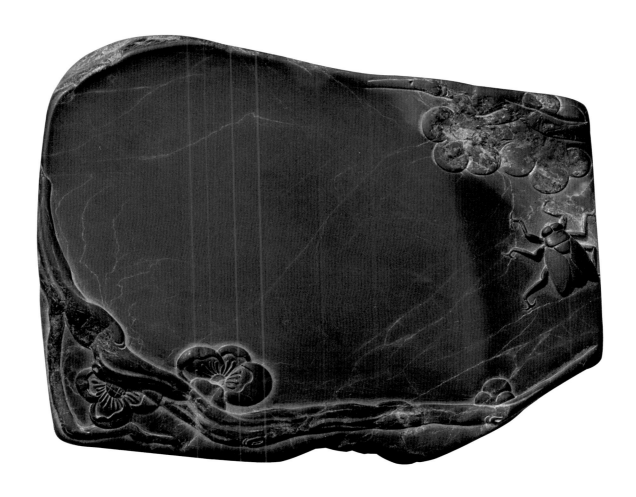

仿健砚艺

二　月夜眠蟬

縱有秀骨清風之象
為之更妍然健硯□

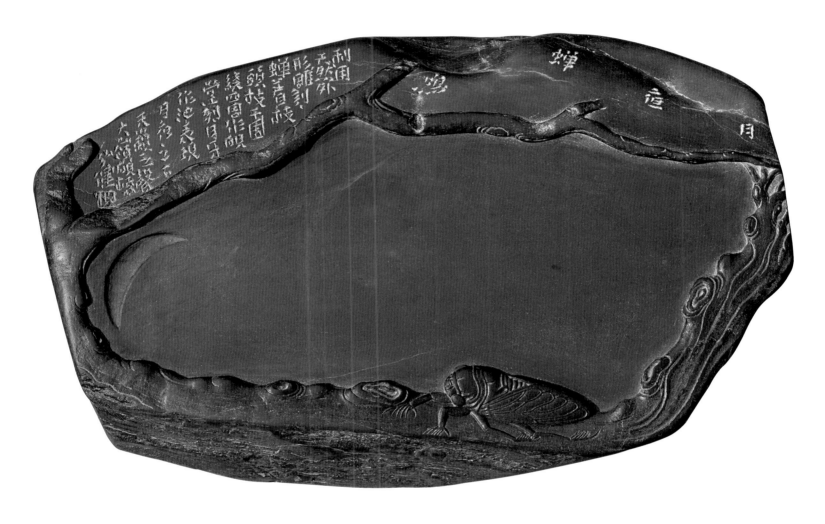

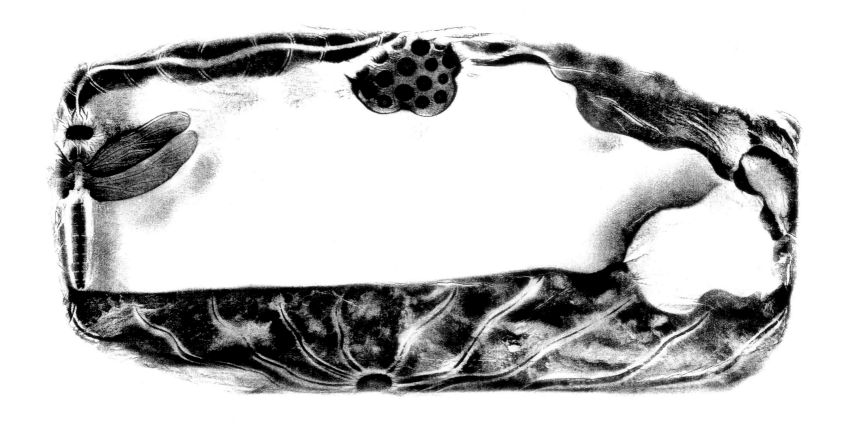

三　荷塘綠了累蜻蜓

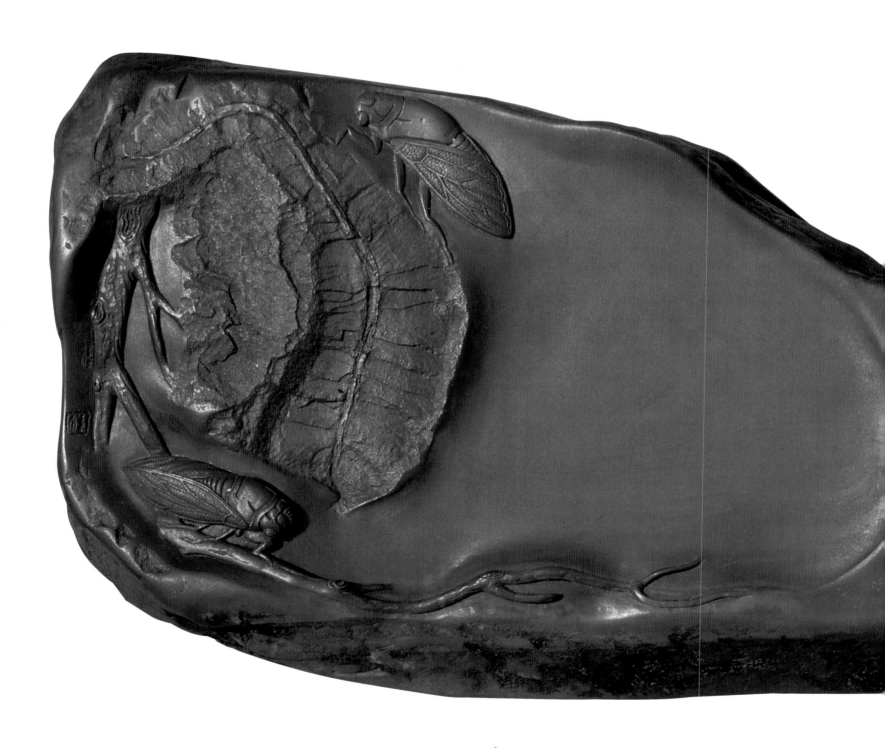

四　長夏鳴蟬

長夏鳴蟬硯拾得天然
端溪魚凫枕如石品製成
之庶蟬鳴嗚哳乎早
丙甲甲午夏至派弘健
於星渜湖大荷颔硯橋圖

弘健硯贊

五

此蜜蜂羡煞人

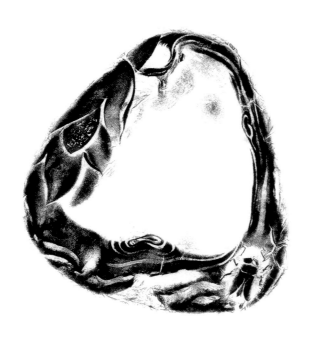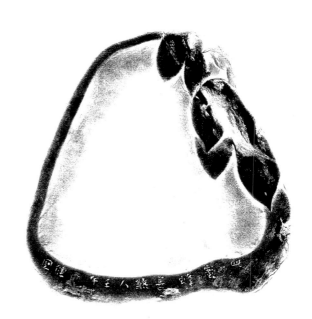

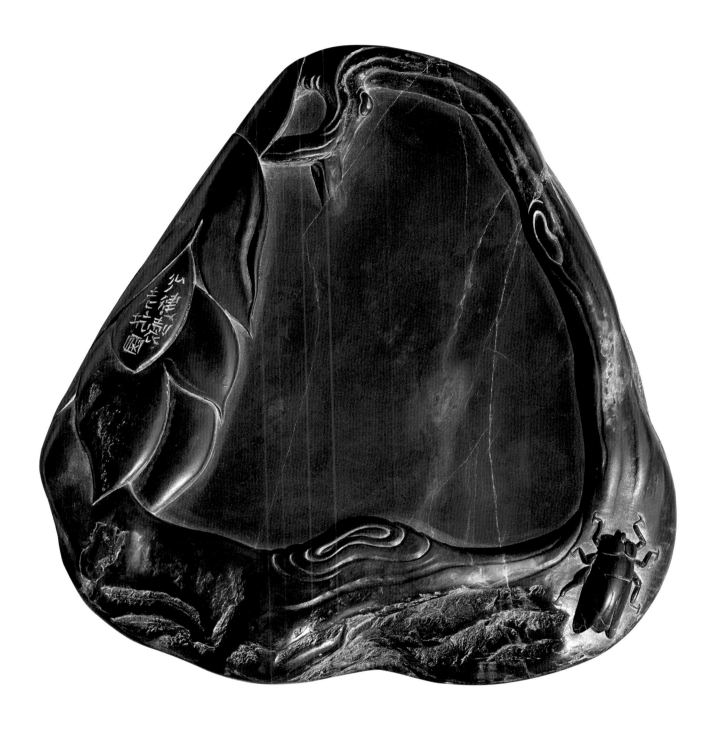

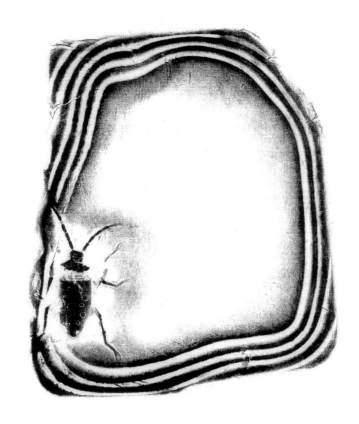

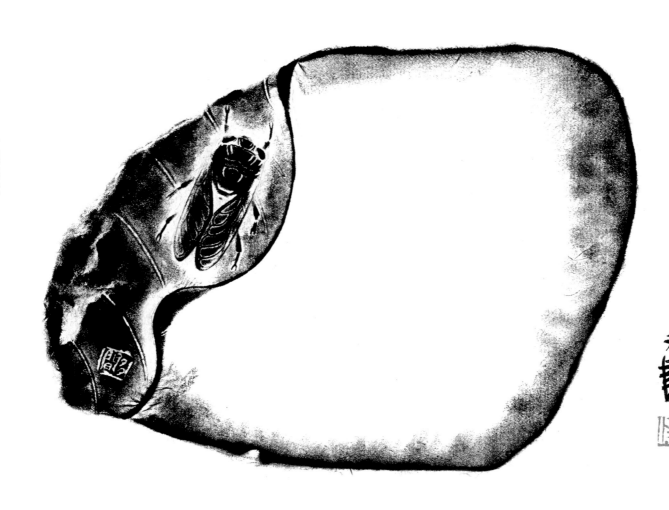

唐氏的硯紋飾刀法已有輕松
感覺打圈或者斜紋的刀法
已是傳統精粹之一的健
又書

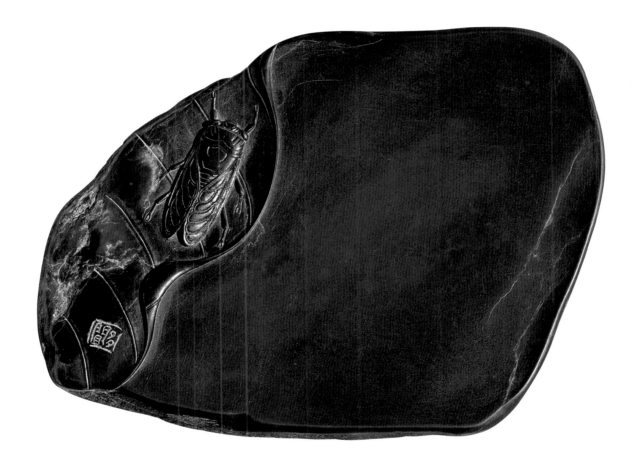

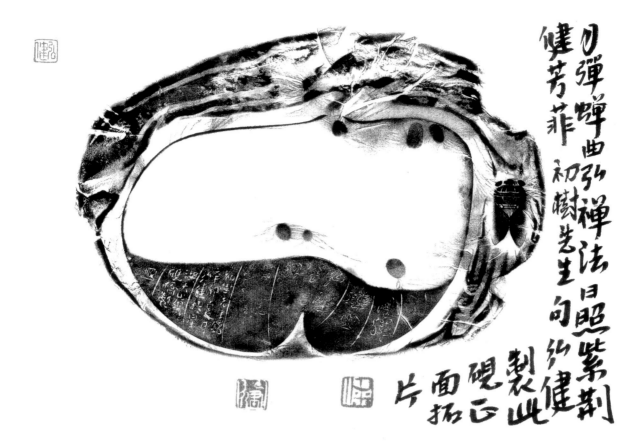

月彈蟬曲弘禪法日照紫荊
健芳菲 初樹芟生句竹健
製此
硯面拓 片正
製正

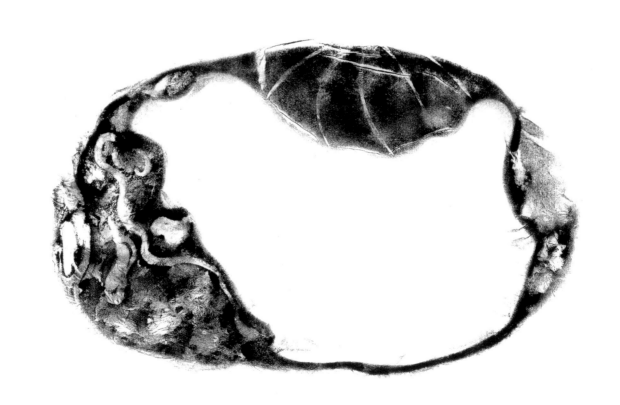

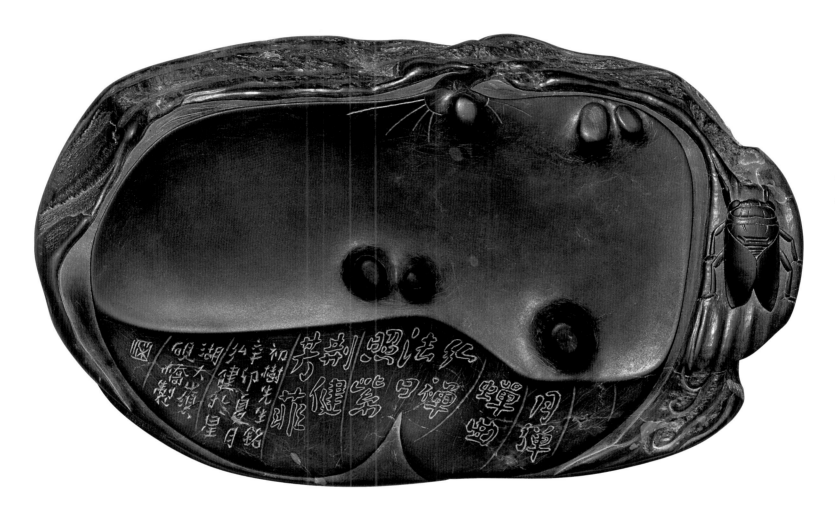

望塵莫及

意趣不可徑題林產生是
徑修蕃康產生約健硯語

望塵莫及硯正側面拓片
辛卯冬月大巖硯橋泑健

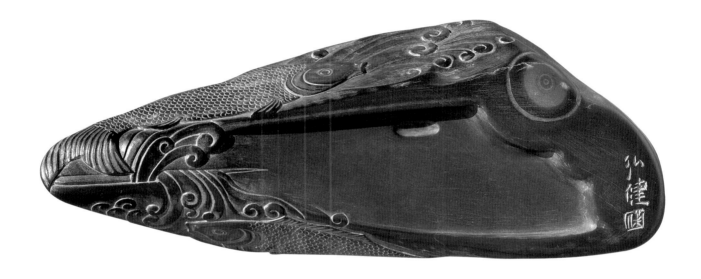

月下鳴蟬

十一

暗香月影

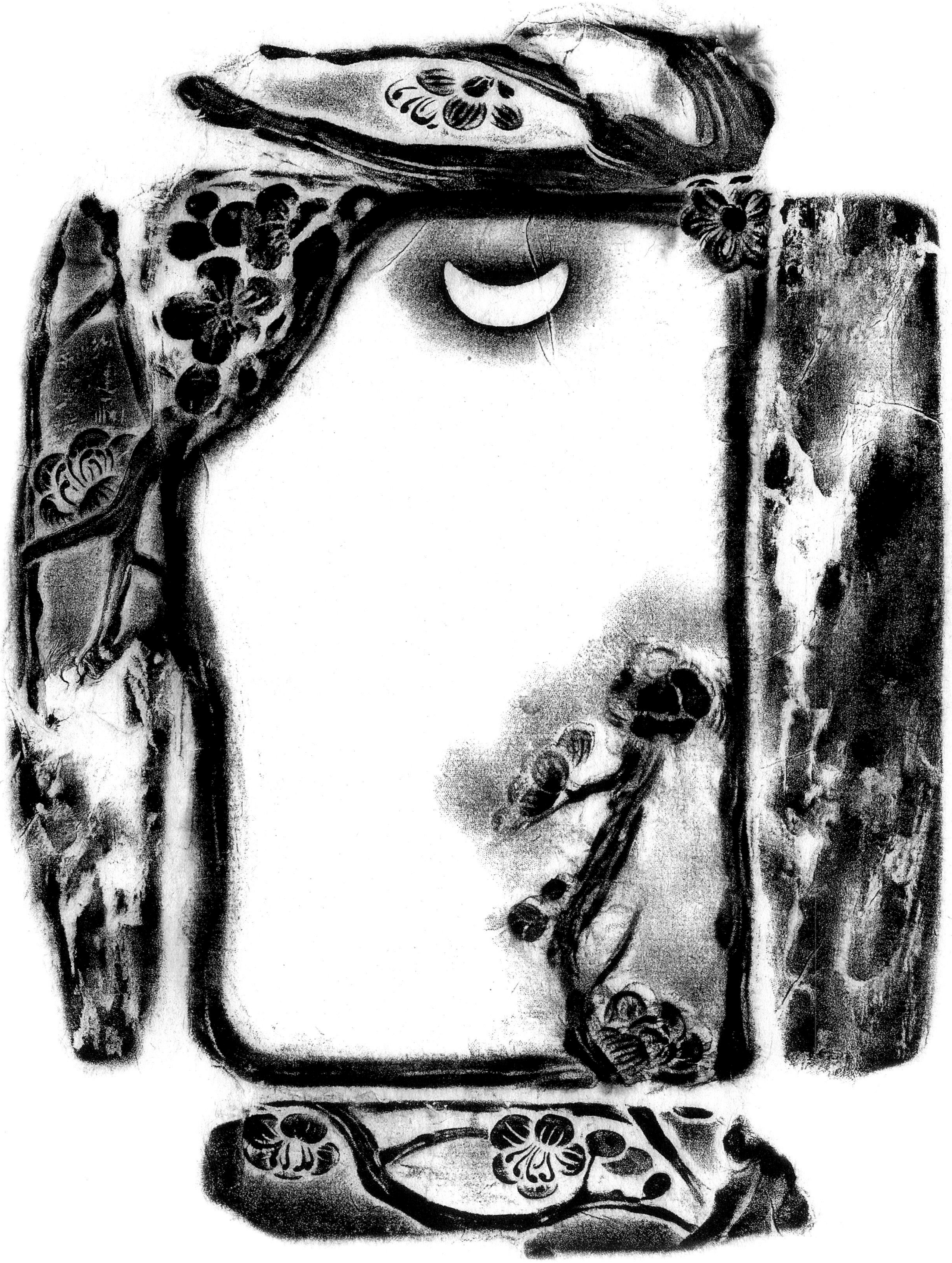

十二
蟬鳴知時令日月轉風雲

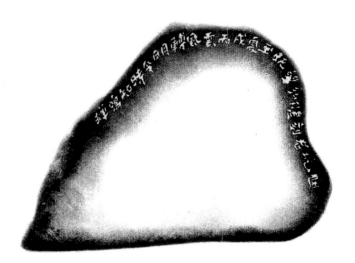

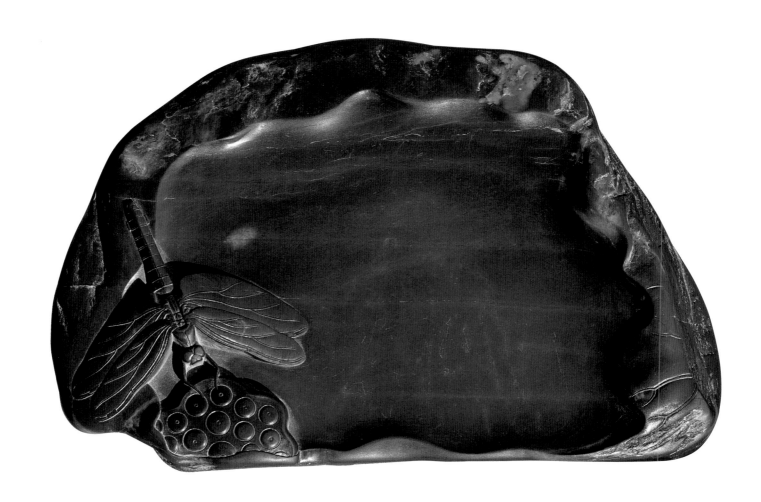

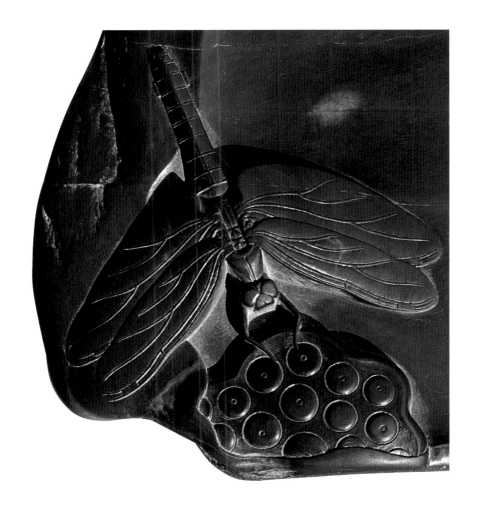

十四　夏雨蓮蓬

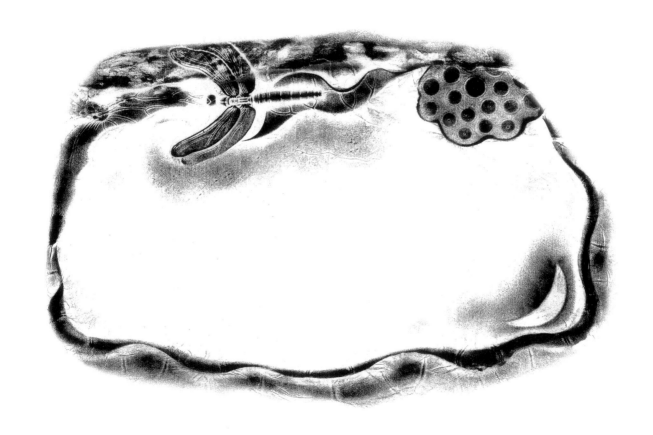

夢中得咏詩

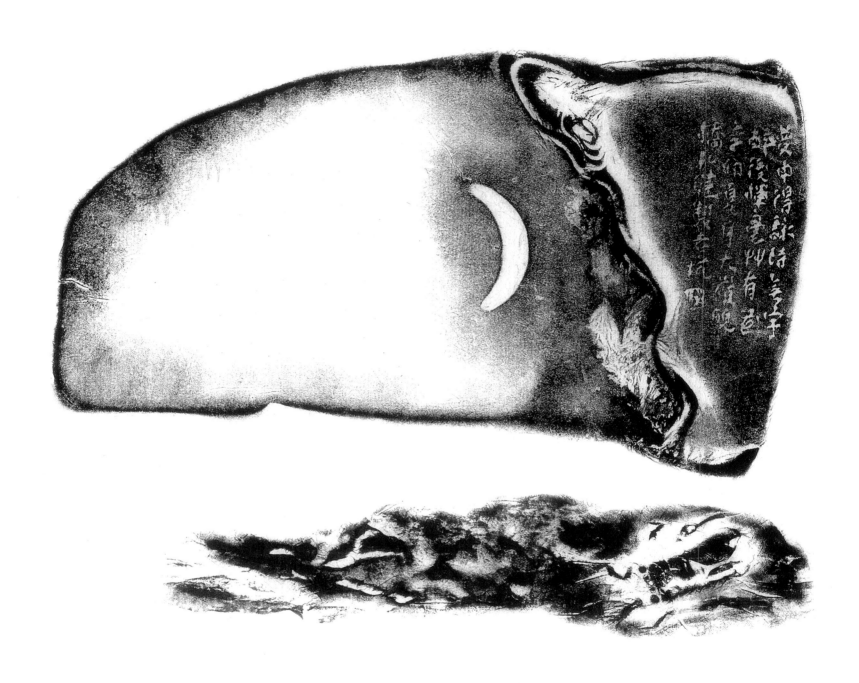

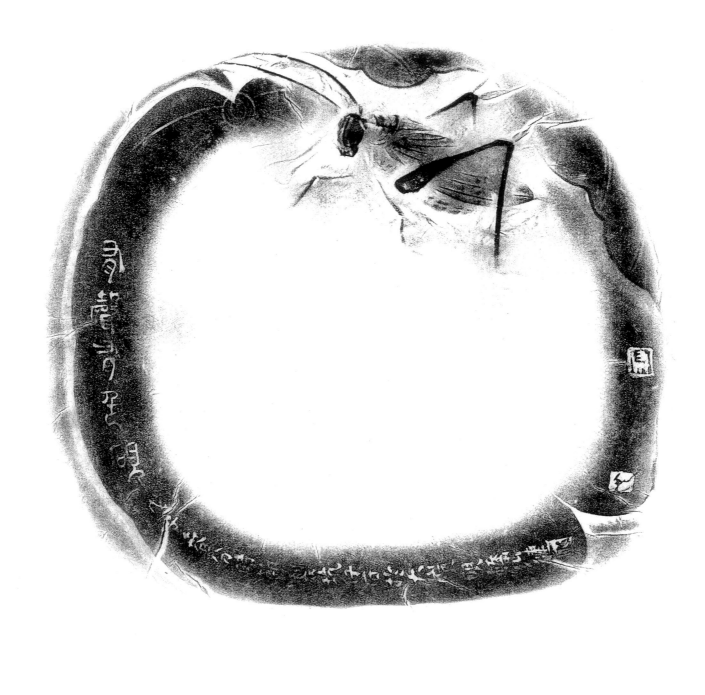

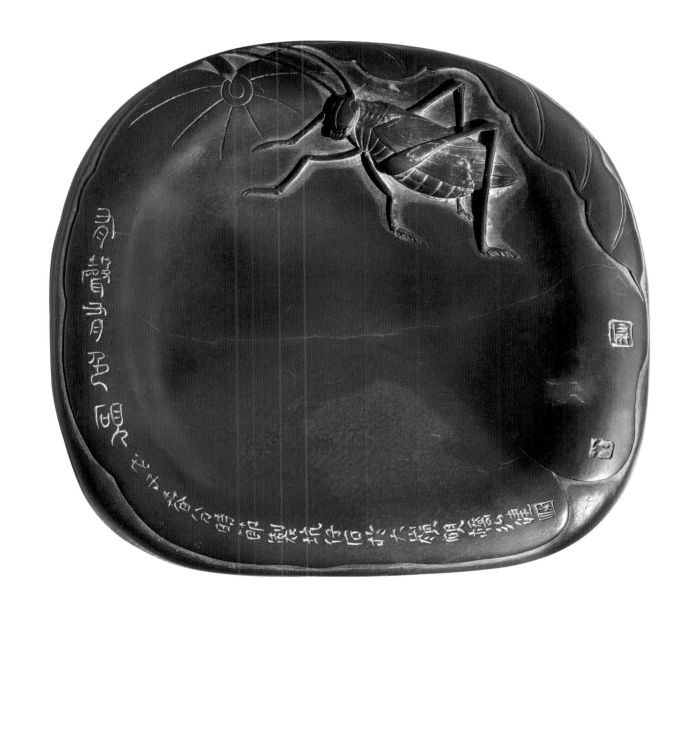

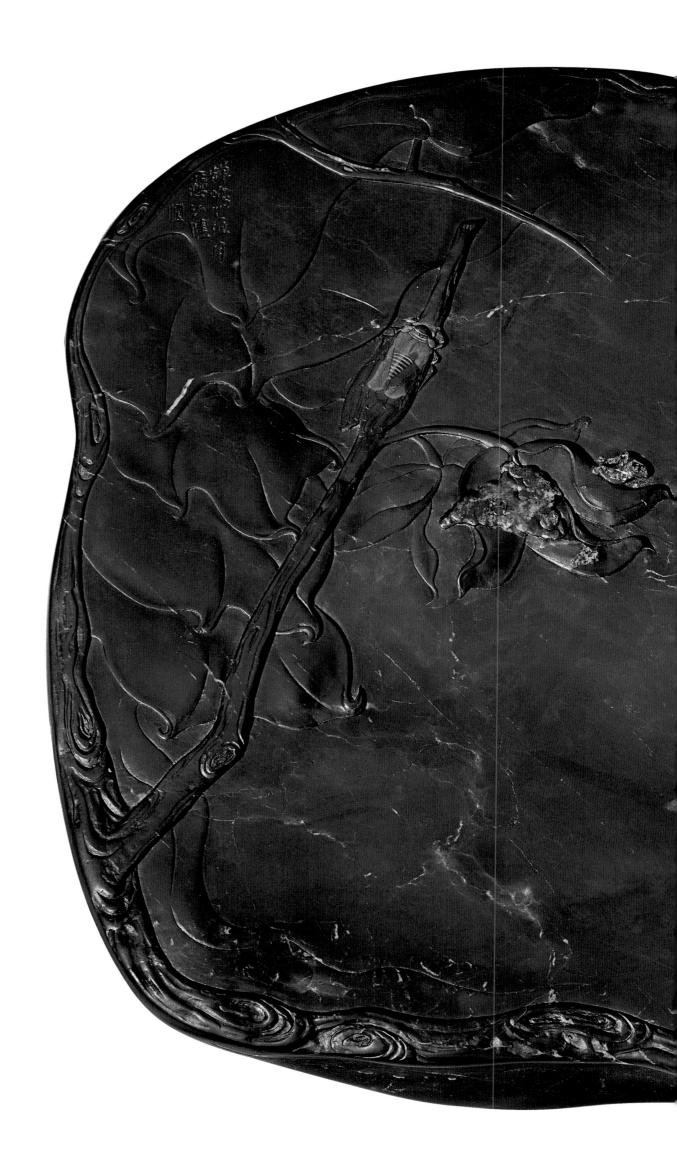

十七　蟬鳴夜月

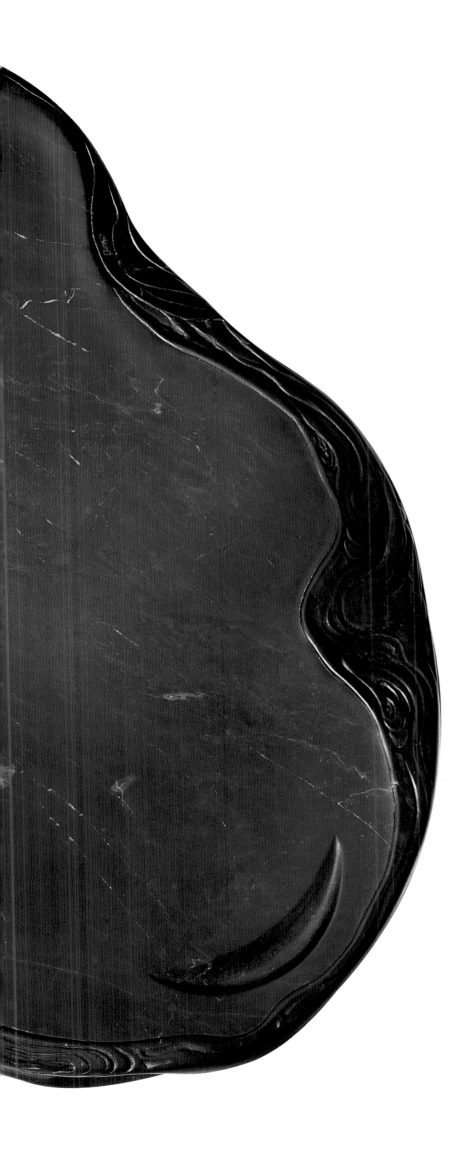

兆健硯藝

蝉鸣疸月正面拓片 大岭砚桥主人约健

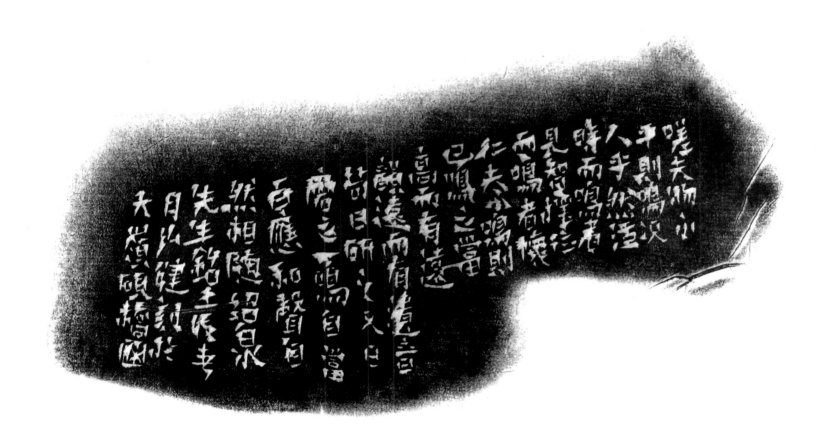

十八　大利圖（此硯與羅星培大師合作，硯銘詳見286頁）

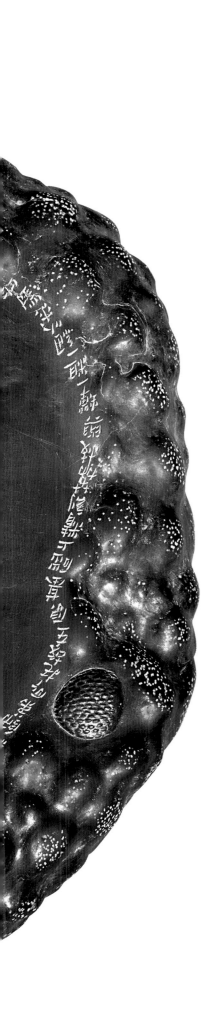

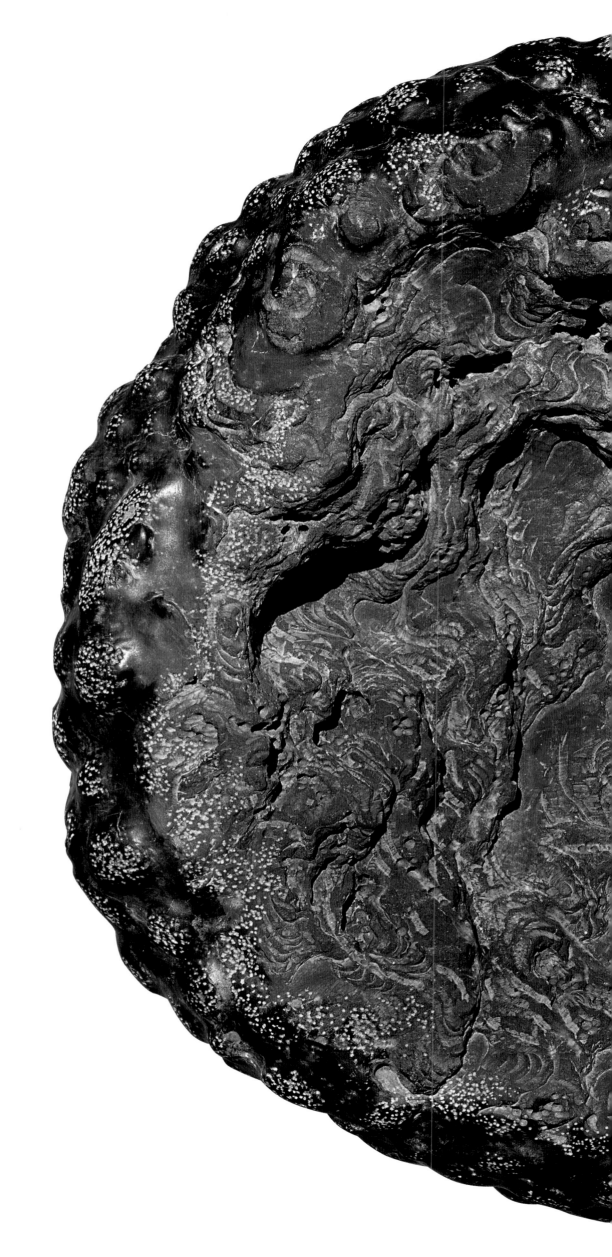

十八、大利圖（背面）

弘健硯藝

雨餘新竹上蝸牛硯正面拓片
辛卯冬月大巓硯橋竹健

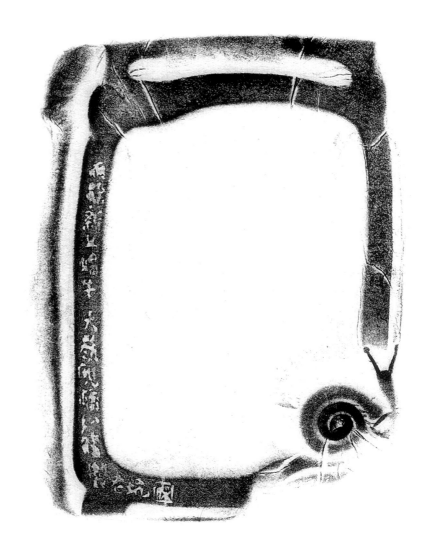

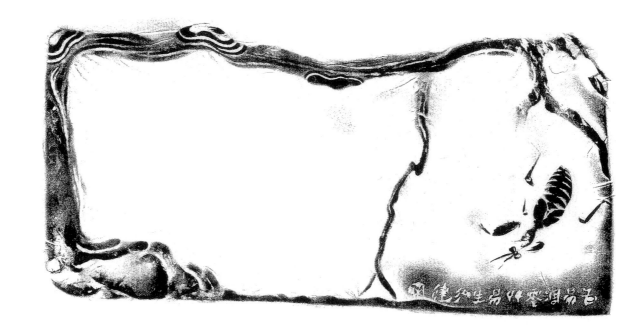

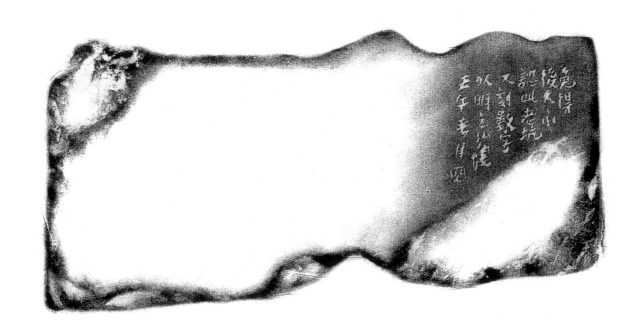

二一　花易凋零草易生

古易洞易竹生易孙健图

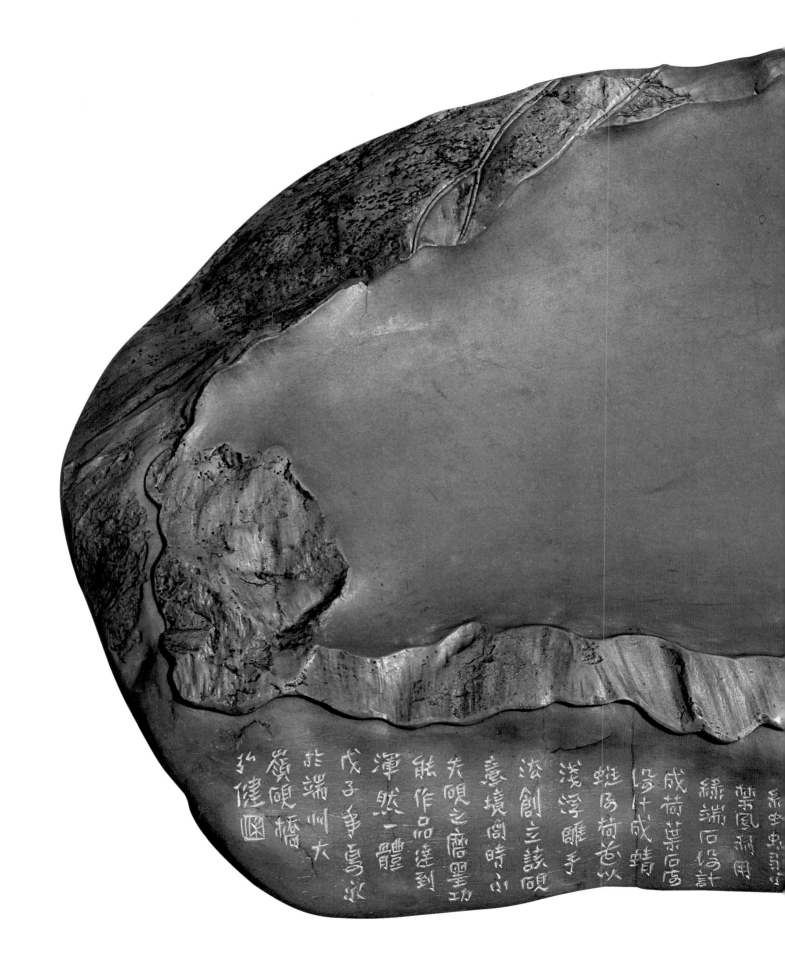

孫健圖

於嶺嶠橋

於端州大

戊子年高秋

渾然一體

能作品達到

意境同時以

失唄之磨墨功

淺浮雕手

治創之該硯

蜓為荷葉以

段什成蜻

綠端石為計

葉隨風飄用

絲蚊蟲翅用

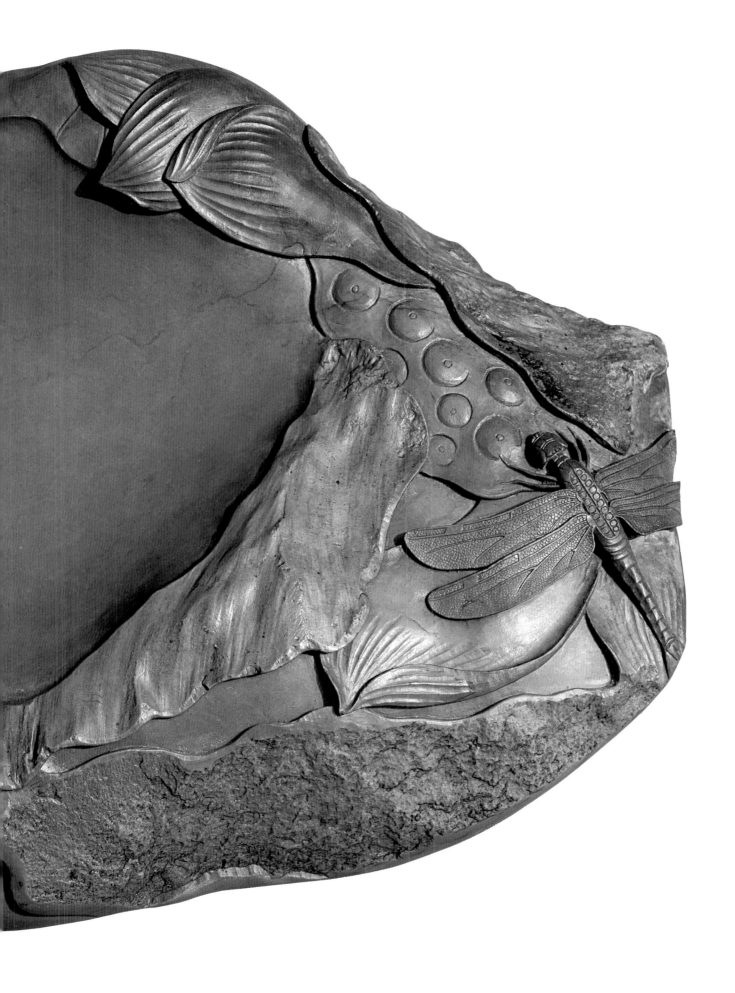

弘健硯藏

『 山水清暉 』

黃河渡祖硯 雄健硯齋

黃河壺口瀑布 黃河兩岸山川茶之蒼茫 大河洶湧一瀉千里 氣勢赫赫 有感于斯 臨別作大治 审視具 石品 后妥製以記別 甲申斗泉水染權 於星湖大嶺硯齋

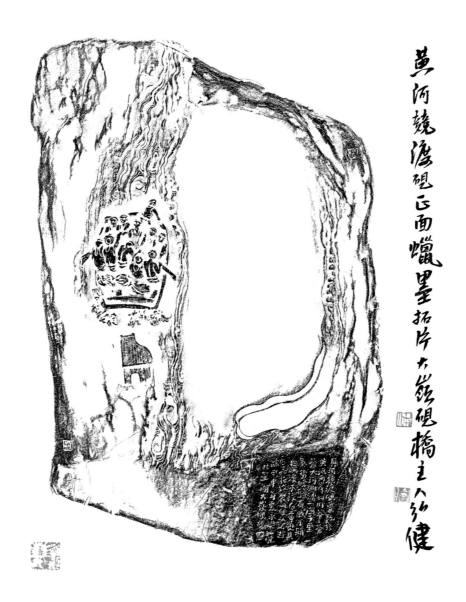

黄河竞渡砚正面蜡墨拓片 大岔能砚桥主人弘健

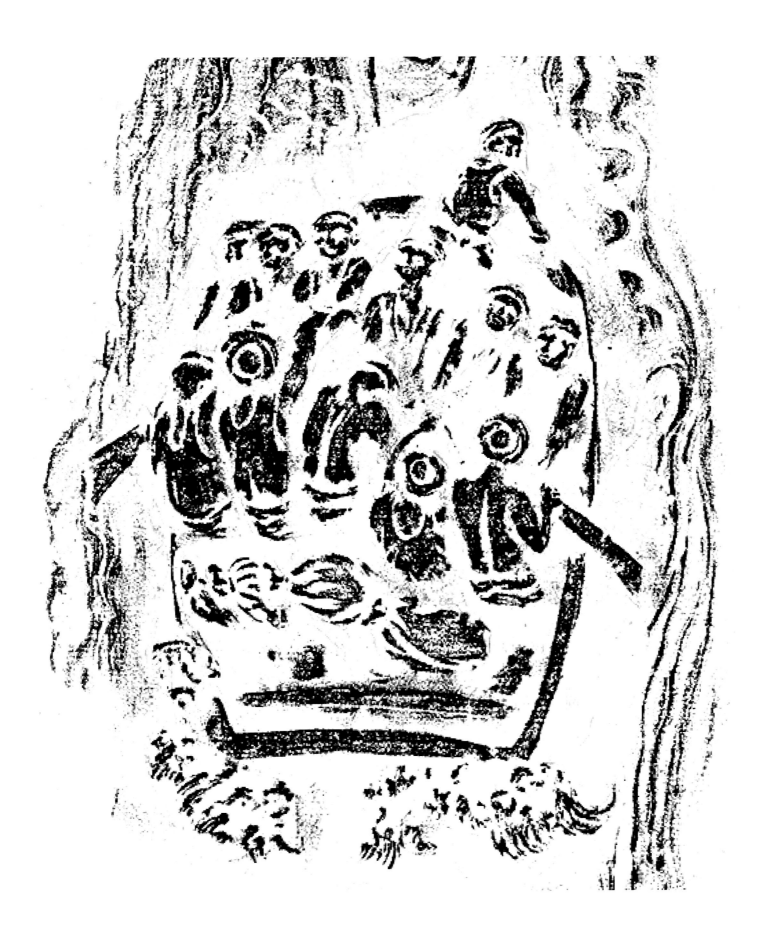

二四　高山流水詩千首，明月清風酒一船

高山流水待子首明月清風酒一船硯拓片此硯銘是古人硯
不能離開研墨功能硯也的人不研墨但是它的功能還在如

果功能沒有就純粹雕刻了硯

必要雕端硯已丑大嵐硯橋外建閑淡

左很多人把硯臺搞成石雕好像有必要如果做石雕山石顏色會更美海有不如直接用青石

大江淘月
硯正面拓
此老坑
滿布冰紋
如江水淘
淘不絕
從天而
降辛卯
霜降大
巖齋硯橋
約健

大江瀲月毘老坑滿布冰紋如江水溶溶小絕徒天而來辛卯霜降冬心健製

仇健硯舊

流水雲間出壁樹挂于層我隨心而欲窄舟不常痕硯銘于硯正面拓片竹健

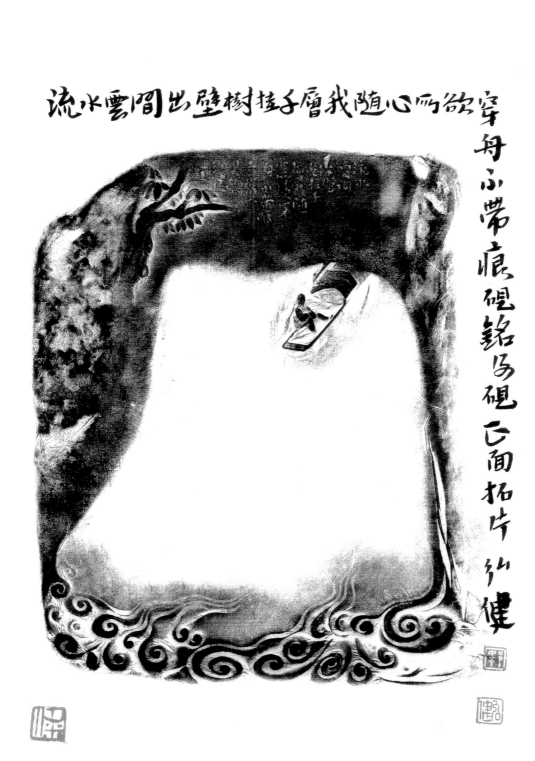

竹健硯藝

竹健

用刀如用筆，筆內方外圓，外圓
之法有慈谿馮正卿得其
慈卉用筆破莢，必健製此圖

淅雨綳高林

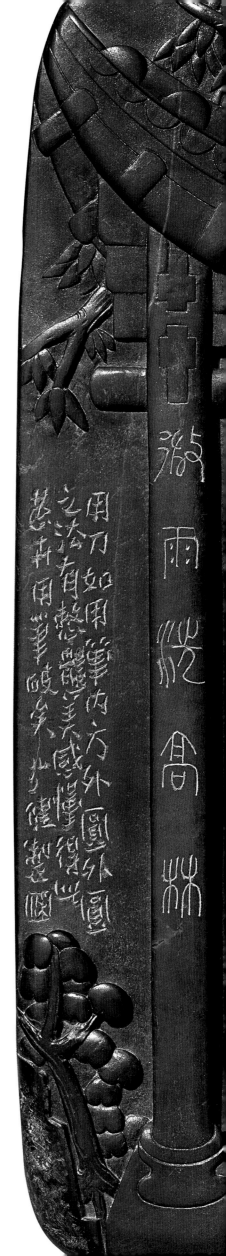

二八　雨散山村

人生得一知己足以矣　余得硯
一知己硯解我意余亦解硯
意還有一知己儕盍足矣更
弘健

弘健硯藝

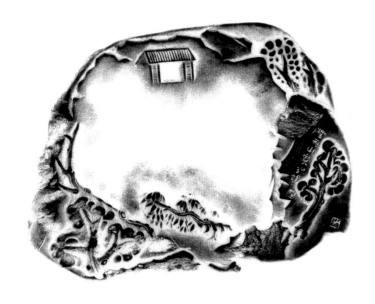

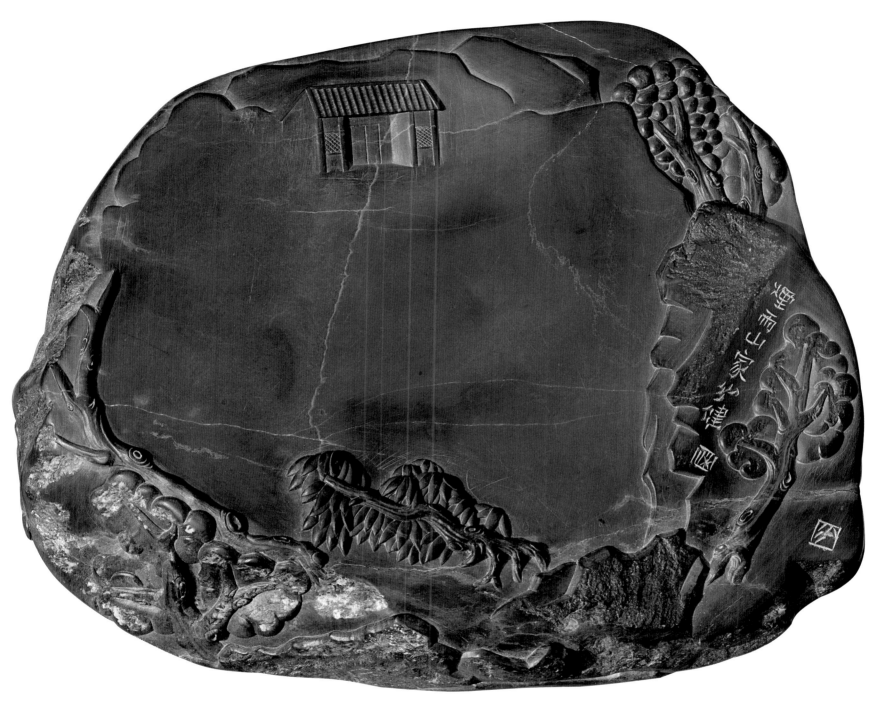

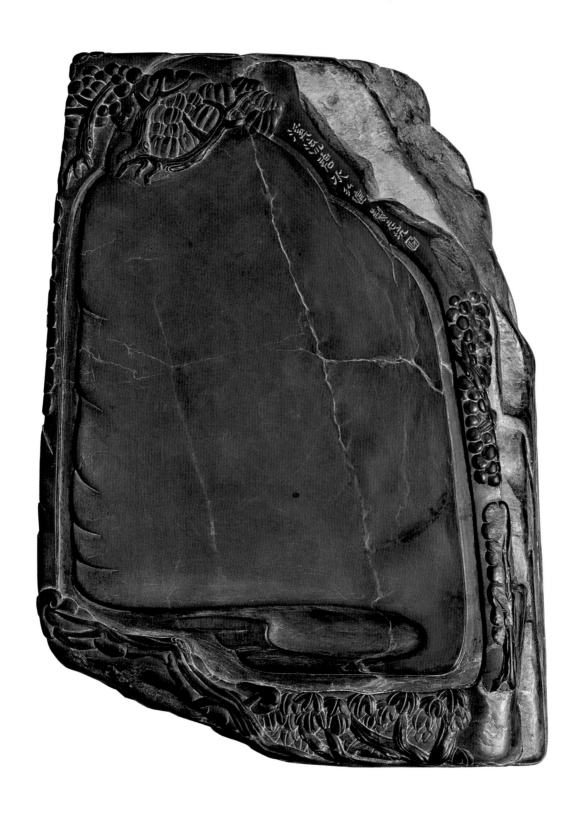

三十 溪流碧水

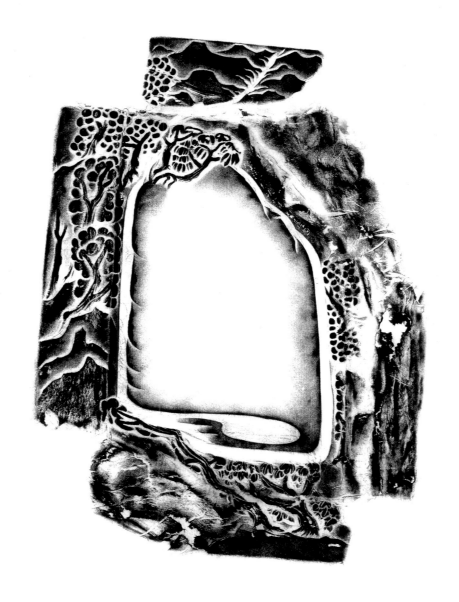

此健硯拓

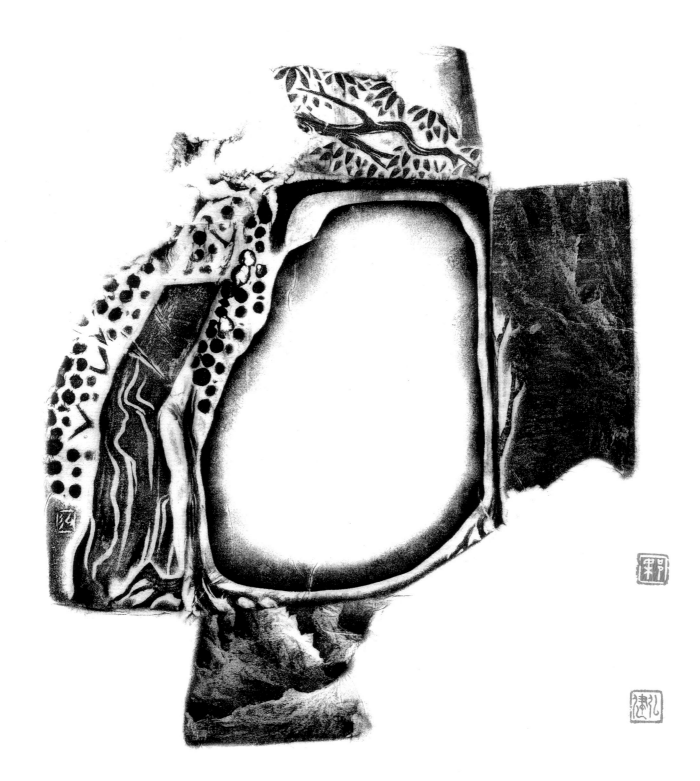

三一

山水又綠

124

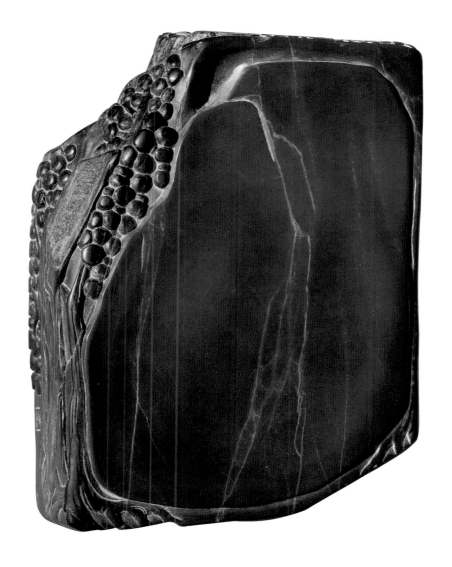

三二　雙月橋影

双月橋影，橋洞倒影似目，化作硯池自然
物象可圖硯之趣，題此為一例也。紀健

三四　待細把江山圖畫

待訪把江山圖畫壬午秋孫健刻老坑圖

白雲生處有人家（正背）

三六　蒼龍肯天外，鳳鳳□龍

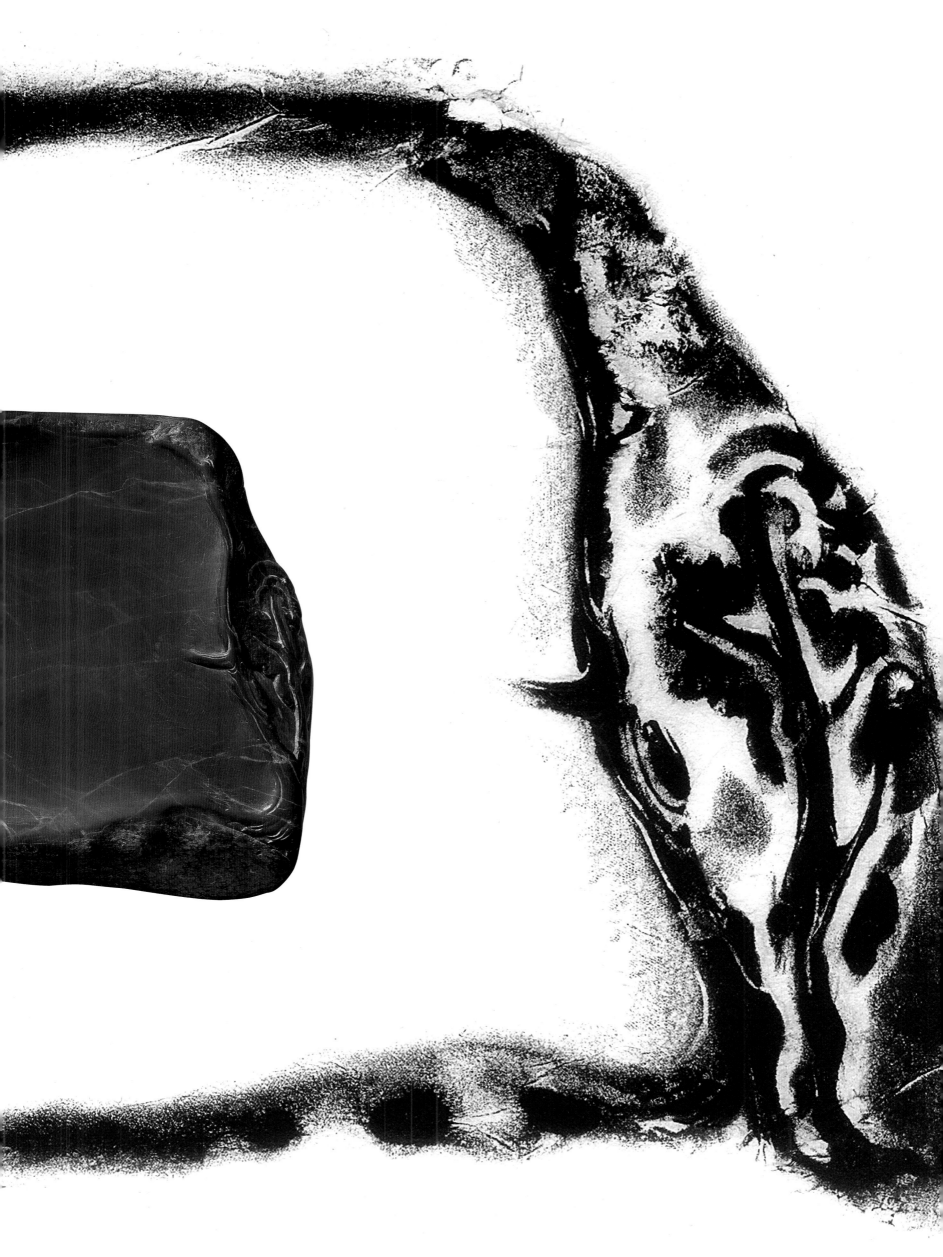

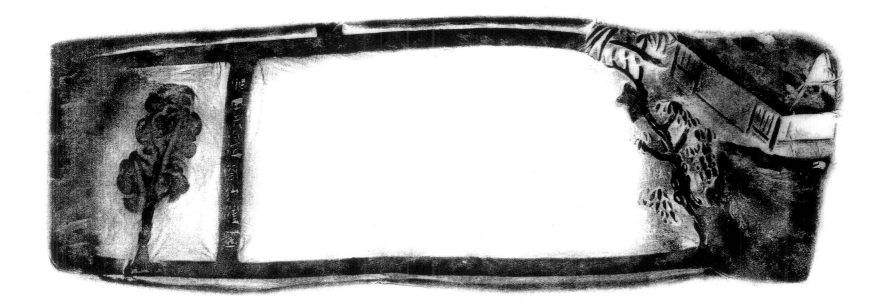

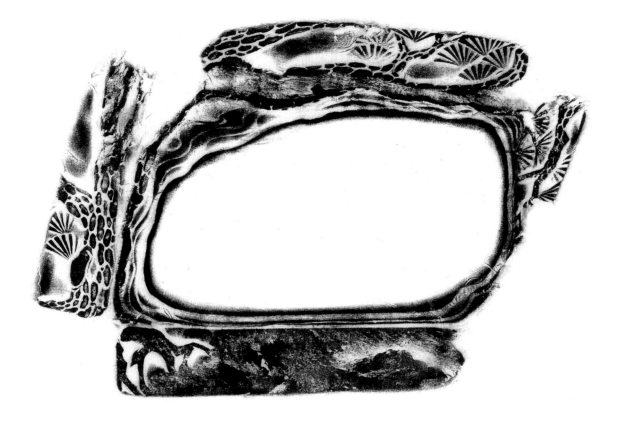

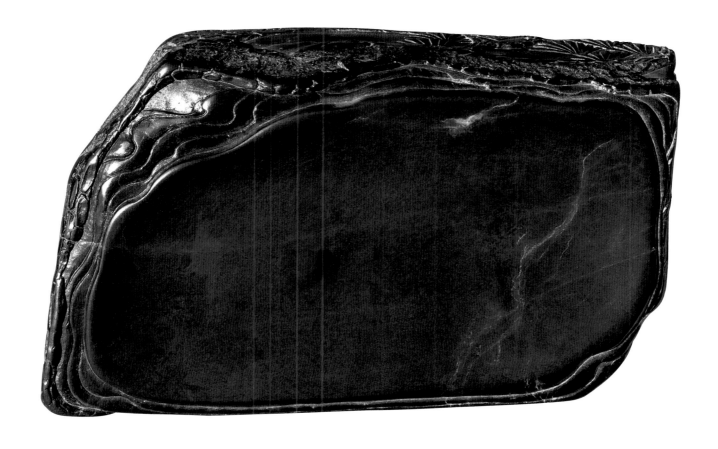

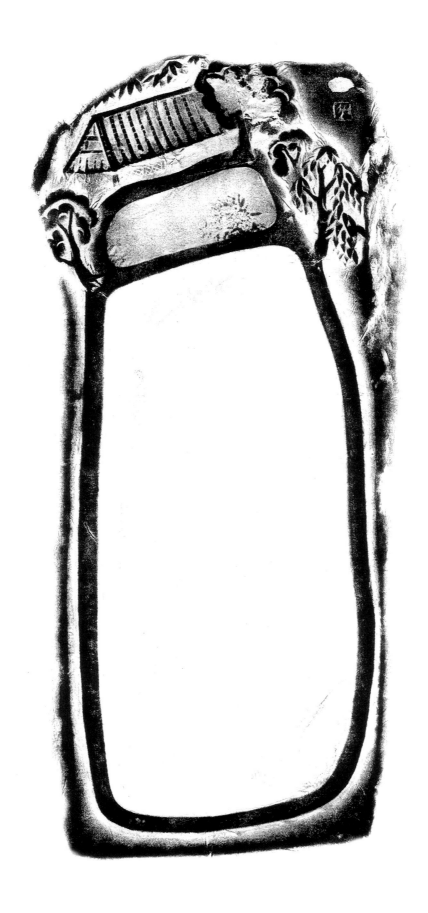

四十　秀嶺煙橫

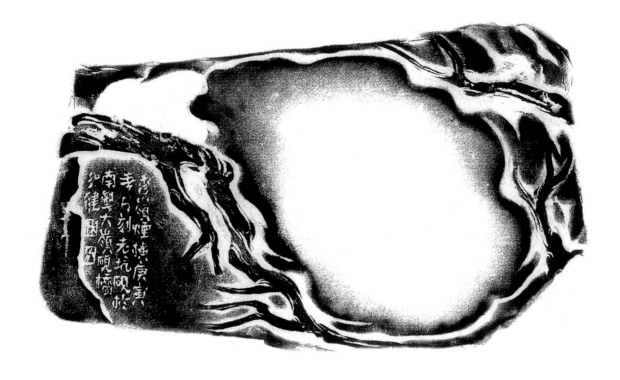

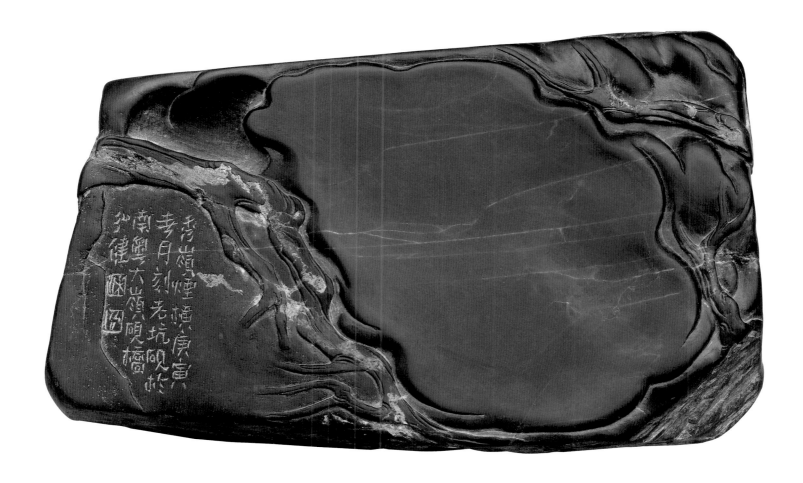

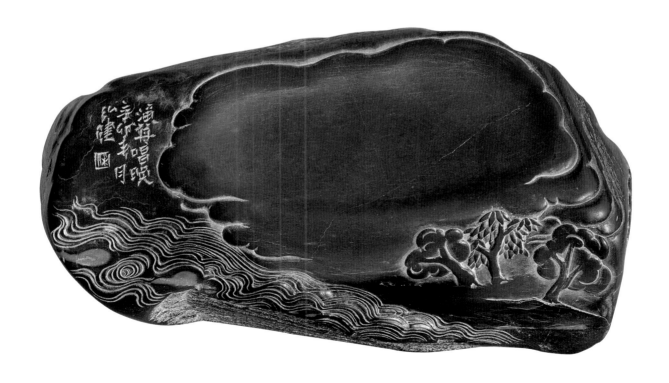

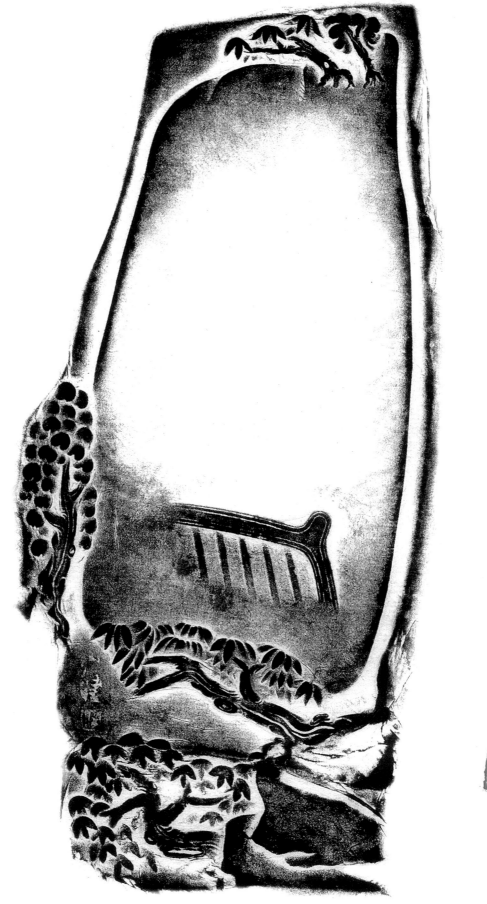

四三　自在心中流（正背）

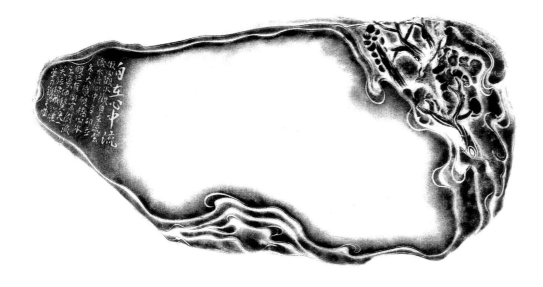

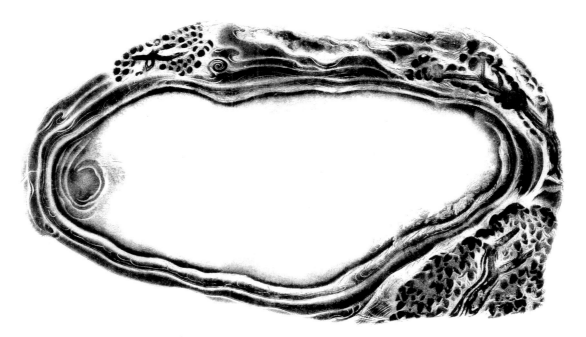

竹健硯藝

竹
健
橋
銘

辛
卯
立
冬
八
嶺

心
中
雲
流

流
水
流
觀
自
在

觀
山
觀
水
自
在

此
硯
之
銘
拓
本

硯
之
正
面

自
在
心
中
流

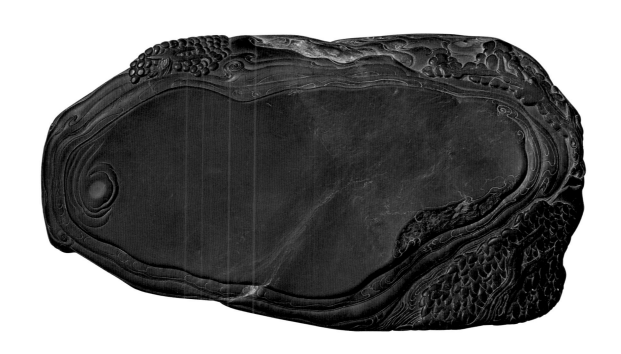

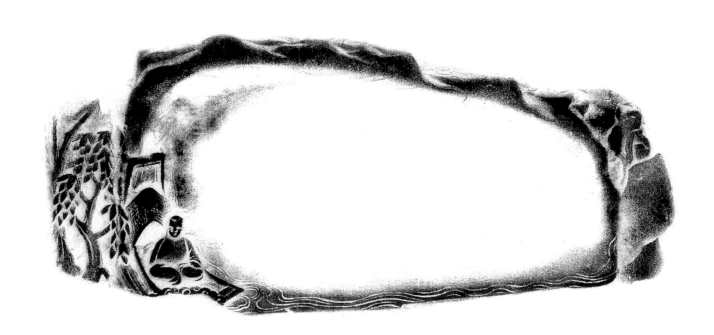

仿
健
硯
其

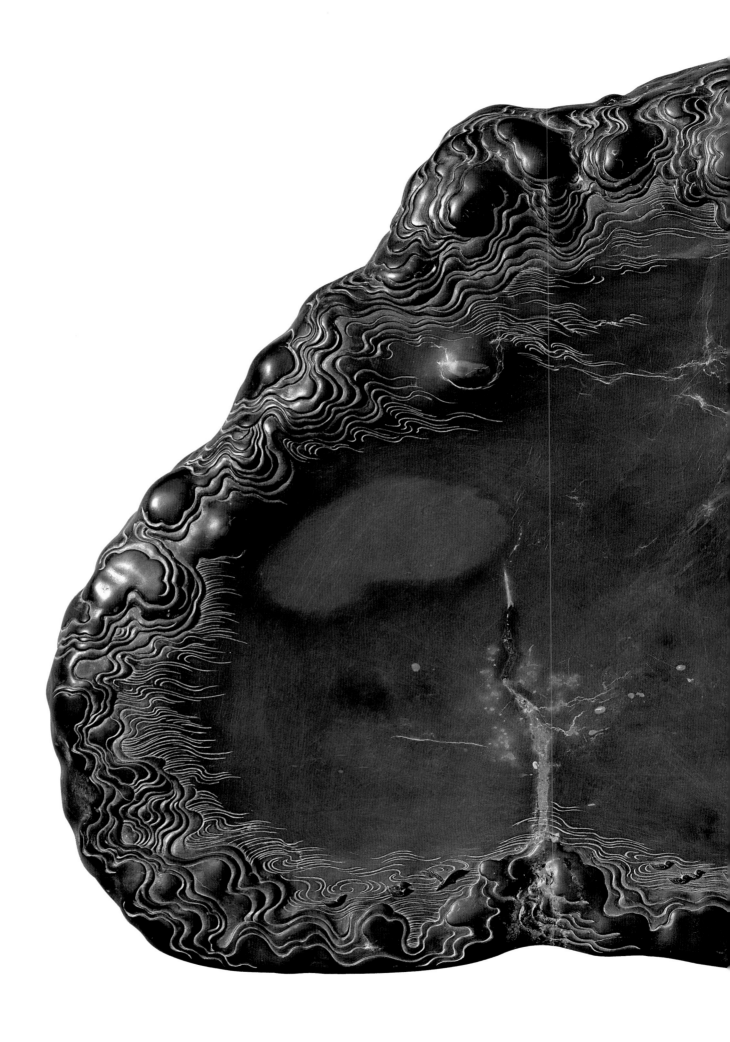

四五　南海霽雲（正面）

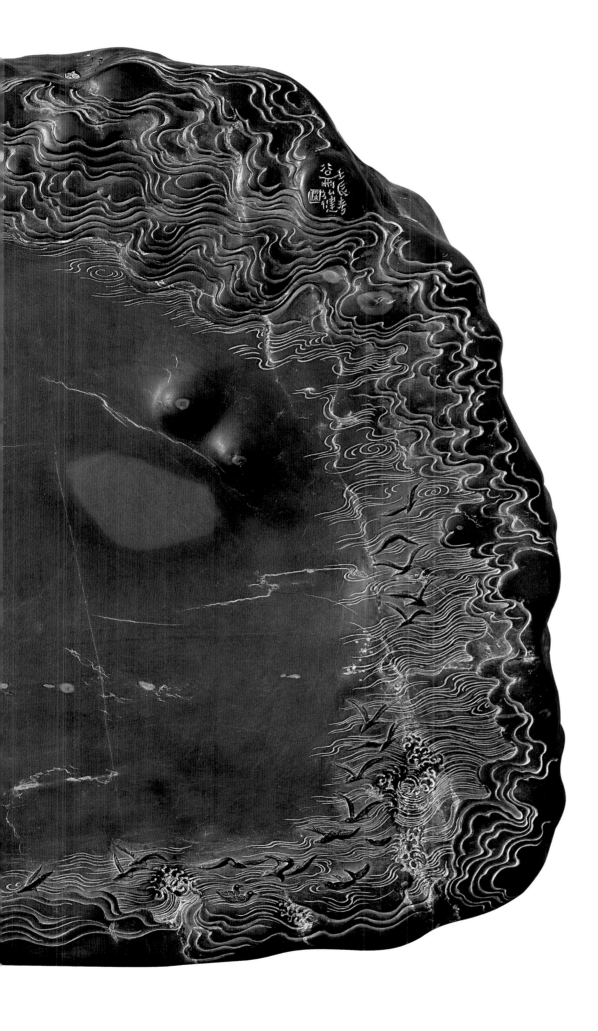

南海霑雲（背面）

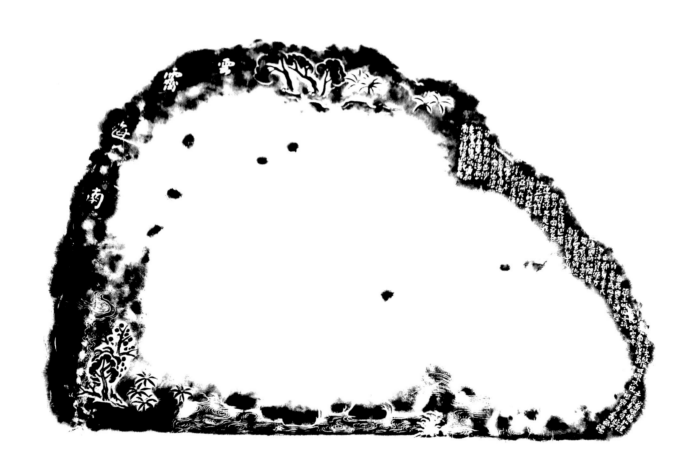

煙畫三月硯丁亥谷雨弘健製硯圖

旺盒細紉綢煥蘭四制賞杏月

翰朱盒盒小樓一夜園香明

踏雪尋梅正側面拓片

歷代多有踏雪尋梅之作品此作品借梅題材今舊題新作又一番意境搗臼塔品硯石內含石英石英瑩白如雪石頭紫黑對比陳列平正之中极具變化奇特之妻每製為天然造化而成余刻硯石徒之不求傳統石品但求造物

天然肌理入硯講究應物象形經營位置合眼緣者取之含之也以小窺大巖觀硯銘小橋通人健化之

踏雪尋梅

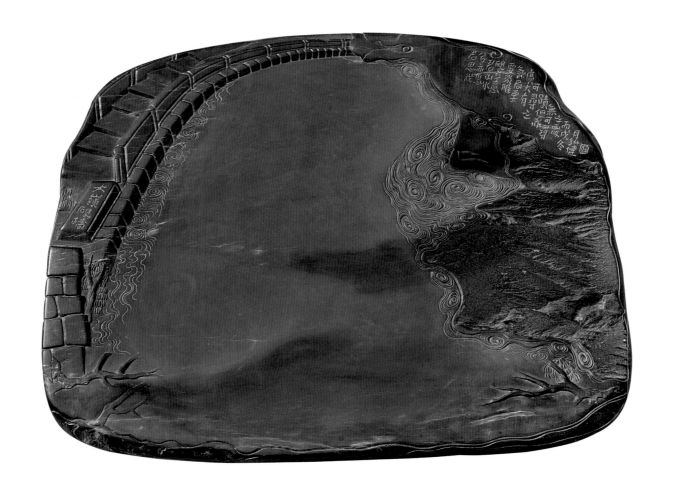

命题要有文气气势既要符合意境但又不
是直指该作品要含蓄使人产生暇想
有小画之意趣比如梅香题林小带
梅字题個東風第一枝意境更为深
遠 辛卯冬至河海写之 纱健

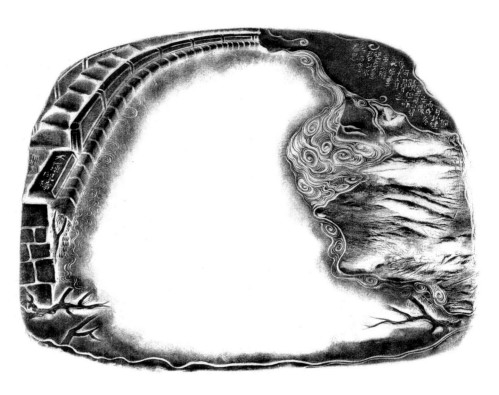

纱健硯語

163

四九　無邊月影浸曲池

無邊月影浸池曲山弘健硯

五十 　清流激湍

山河萬象硯正面拓片 辛卯冬至 弘健

硯之本性其本性即日用即道概之大嶺硯橋主人識

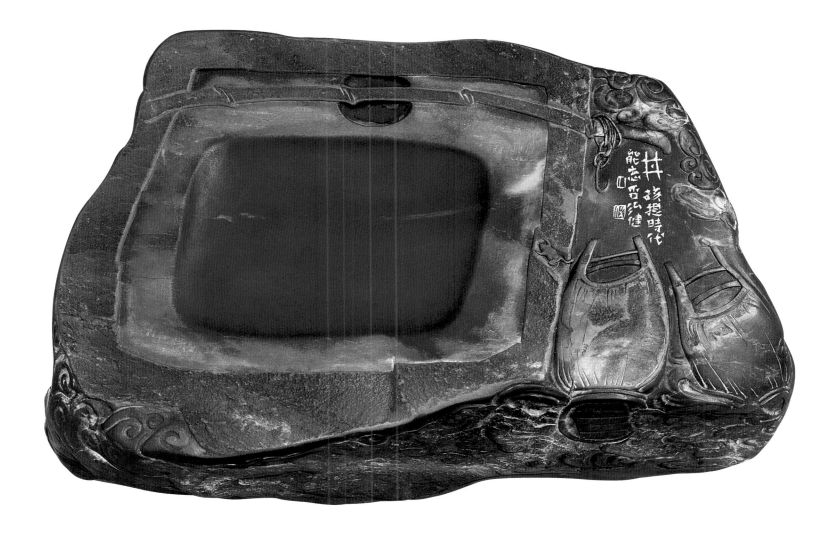

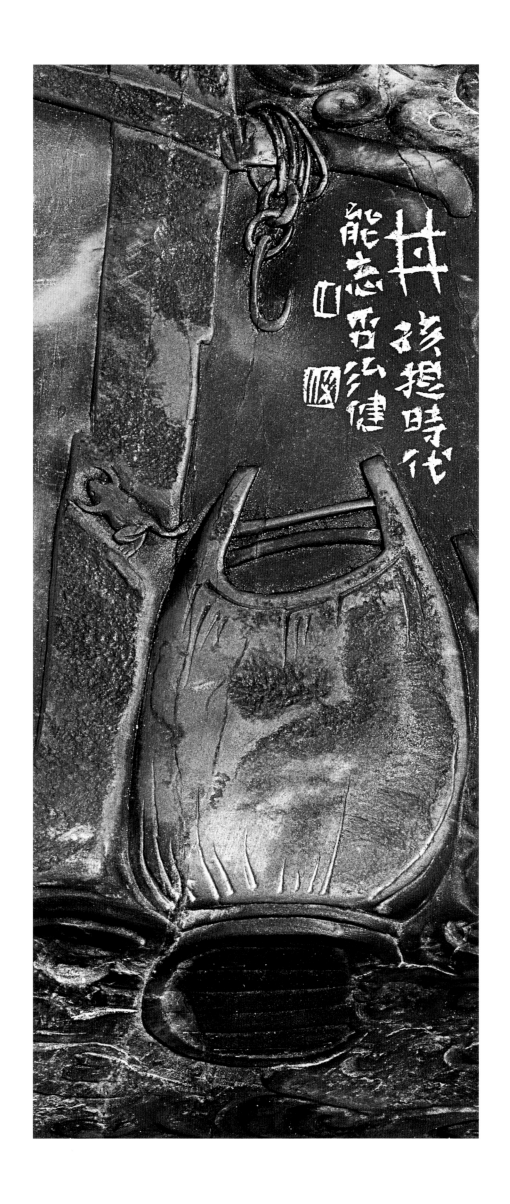

其孩提時代
能忘否幼健
圖

意趣要有率性的東西的東西才能稱得上藝廖即要有自我個性有自己的表現手法如果認為物象與物象之間的意象就是意趣那是表象的非實質性也就非本性之也就不具備作品傳播之力量辛卯冬月大嵩硯橋主人紉健丙書

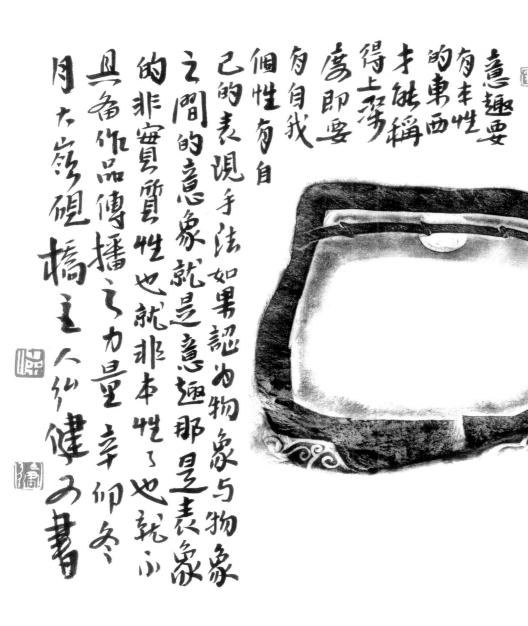

片硯正面拓片
辛卯紉健

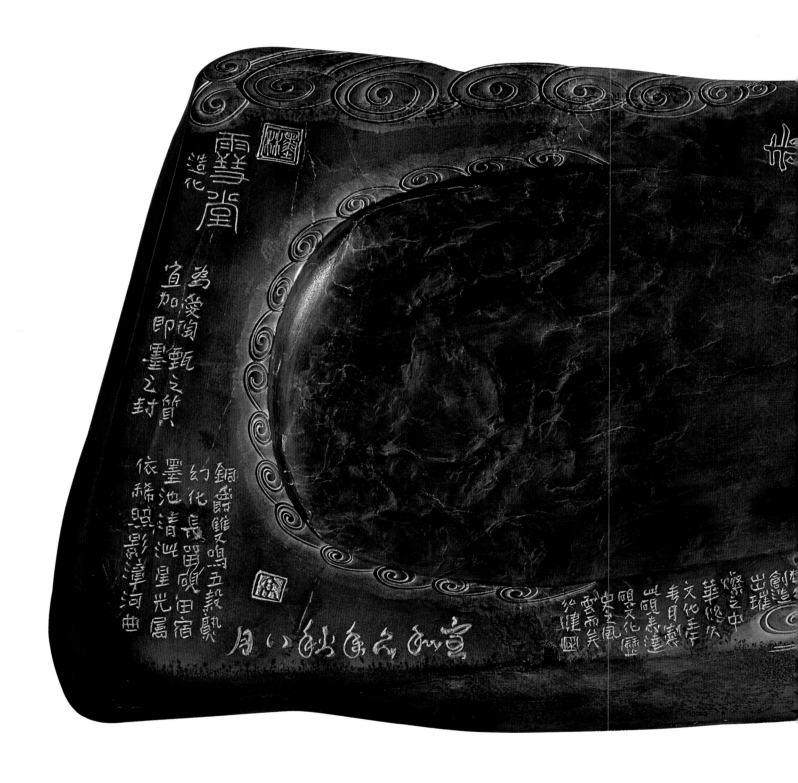

五四　翰墨千秋

造化
霪雩堂

為愛陶甄之質
宜加即墨之封

銅雀雄文鳴五熱熟
幻化長鳴覺暁田宿
墨池清泗星光屬
依稀照影滄洞曲

看到每個時
代之氣息
這就是我們
的文脈
六方筆硯橋
主人的健
硯語

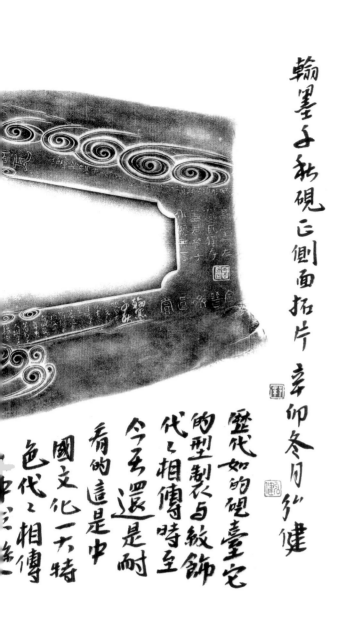

翰墨子新硯三側面拓片 辛卯冬月刅健

歷代如的硯臺它
的型製衣與紋飾
代之相傳時至
今天還是耐
看的這是中
國文化一大特
色代之相傳

刅健硯藝

『 卧觀象盈 』

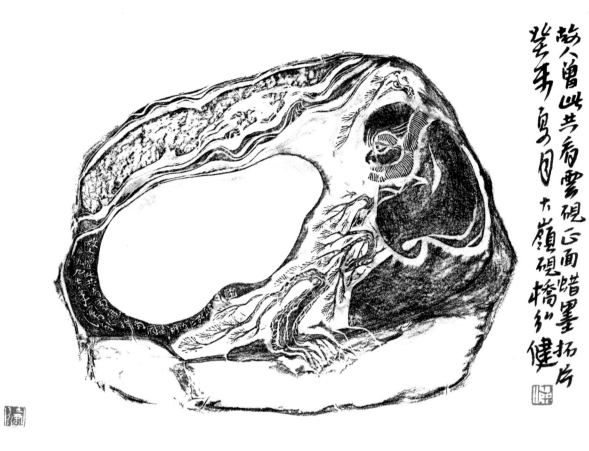

故人曾此共看雲硯正面蠟墨拓片

苦李鳥目大嶺硯橋初健

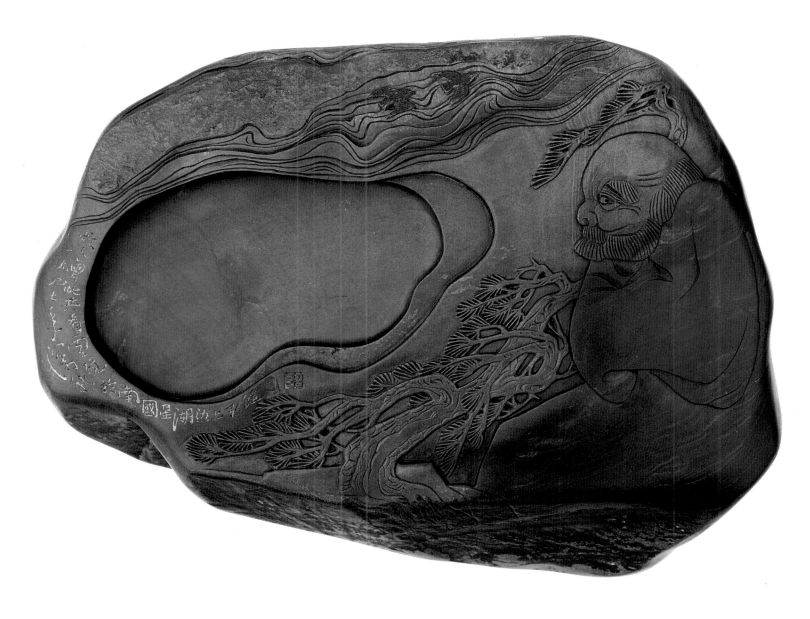

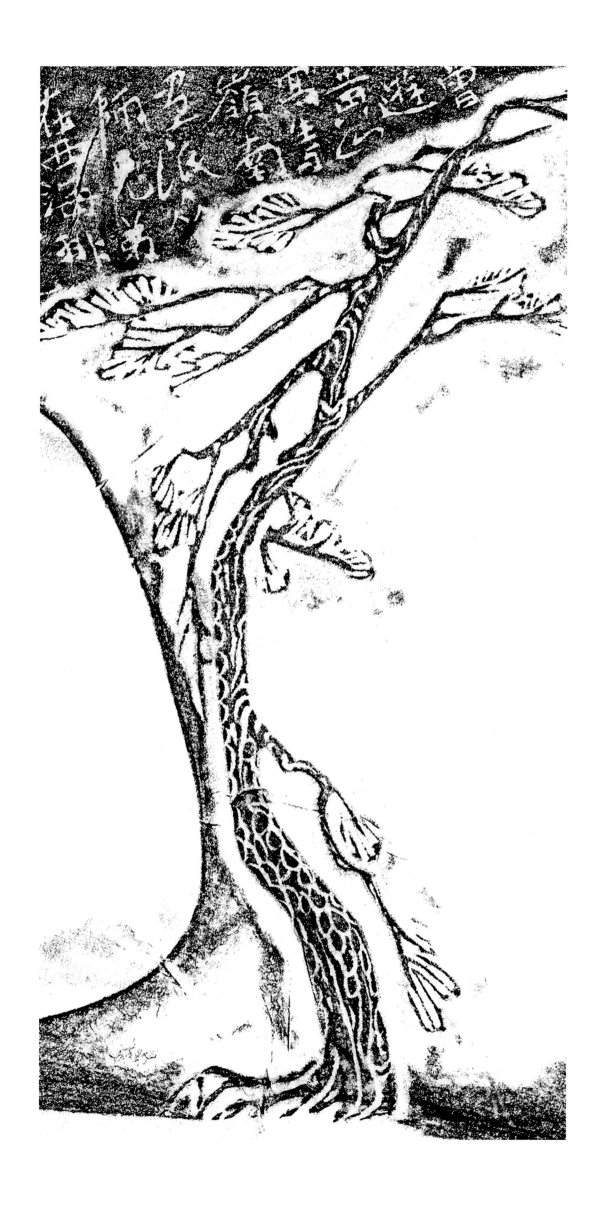

五五　故人曾此共看雲（背面）

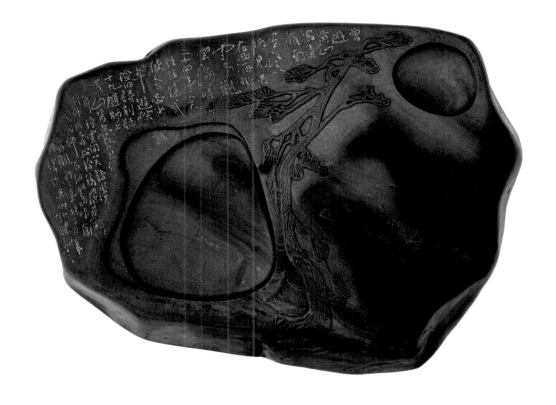

五六　蓮子已成荷葉老

蓮子已成荷葉老硯正面蠟墨拓片勞健

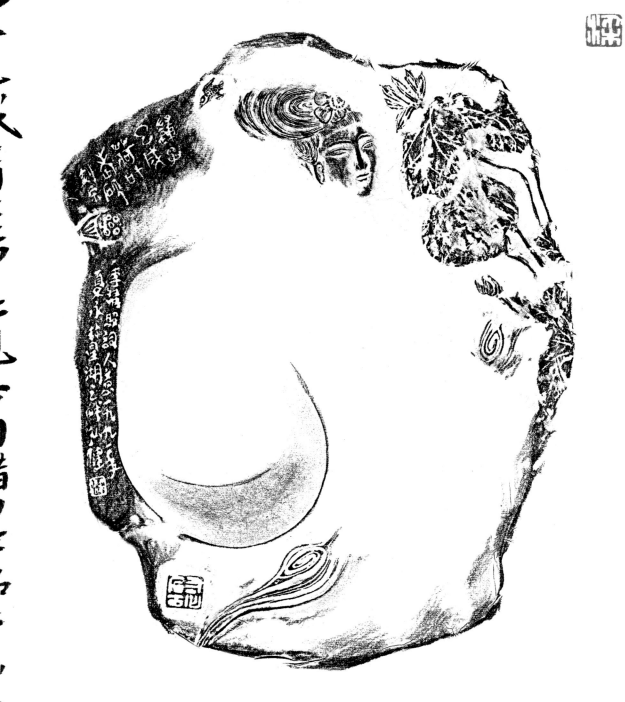

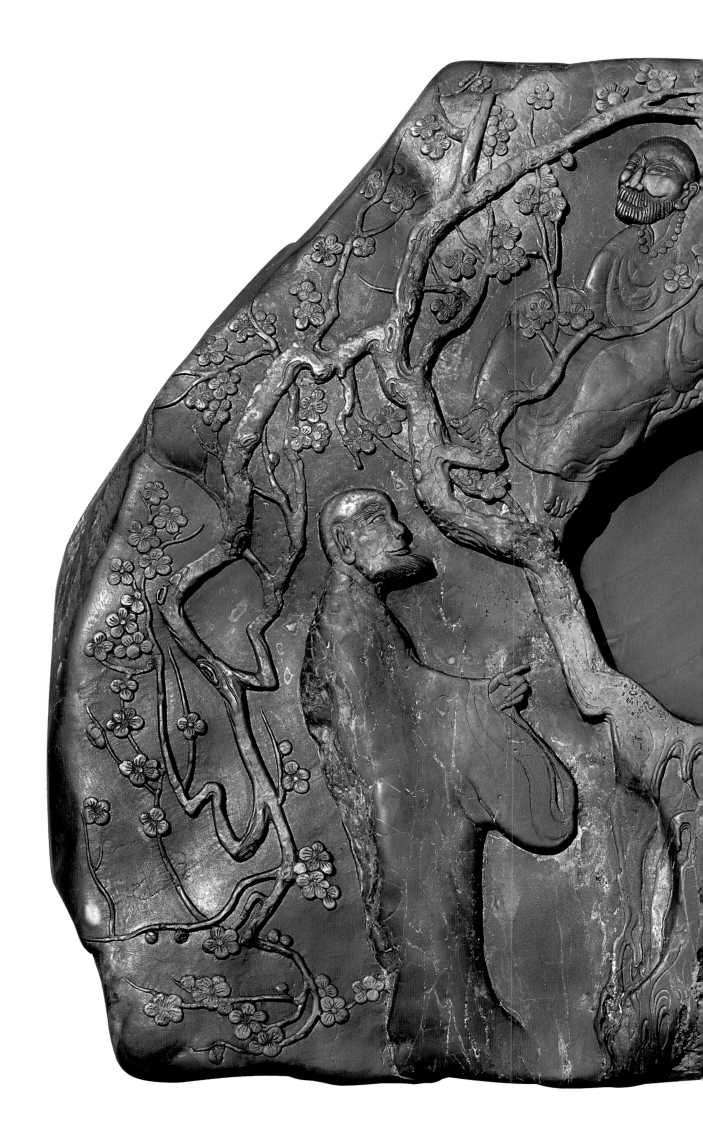

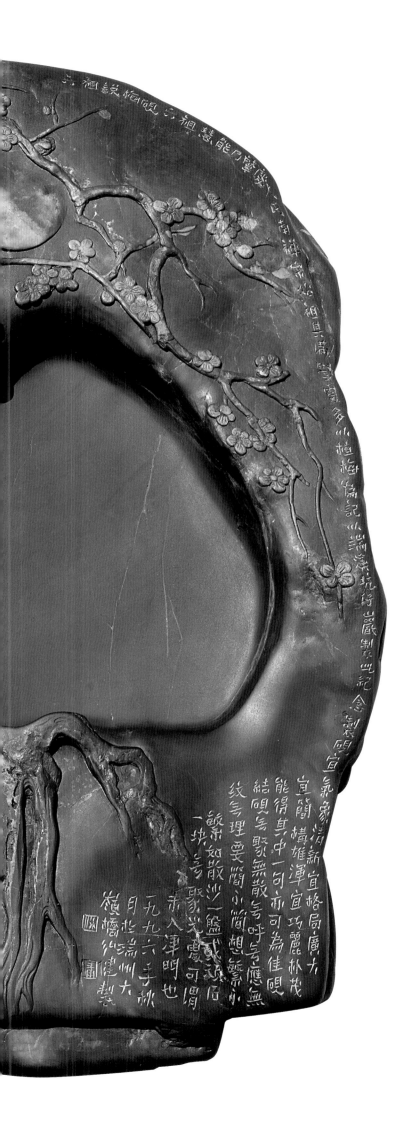

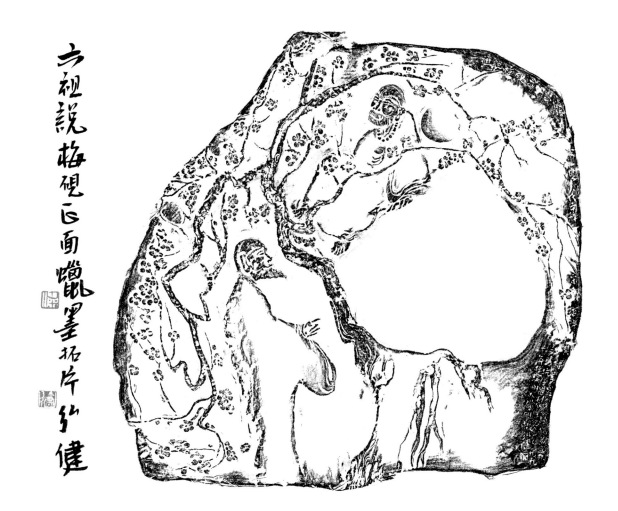

六祖說梅硯正面燈墨拓片 少健

讀畫硯拓片硯銘中國之文化觀念遵循瀏
視而非凝視之邏輯因為中國畫家注重讀
畫此為觀
照眼西方
以看為
觀方式之
繪畫
大夫
相同
制作成
此硯以
悟硯為一石
化中更
化之差
異匯為
拋磚引玉
能得共鳴
名又以頭之娘
妙若呆
梅瘦硯乃石之本身而月琢磨乃以此倫記今
琢成必圓活而肥潤方見鑿琢之
今之硯藝還是沿着硯之本質為美乙酉紹健

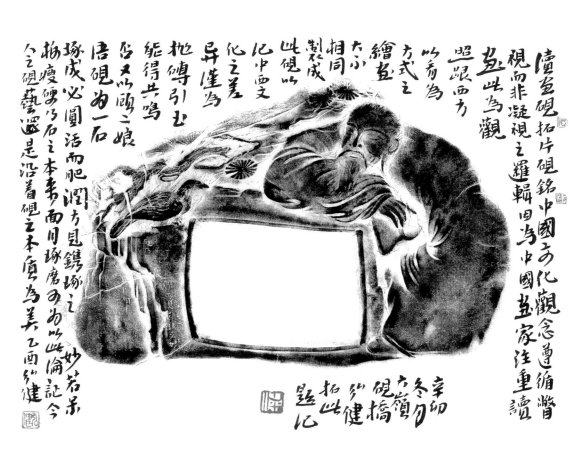

辛卯
冬日
六硯
紹橋
紹健
拓此
題記

弘健硯藝

讀畫觀硯#
觀念遭通循
視之邏輯因
家注重譜畫
照跟西方以
式之繪畫大
製成此硯以
中西文化之
他傳引玉能
得其鳴

否文以順之娘語硯
必圓活而肥潤方見
若果板瘦
硬乃石

琢磨何為以此論記
今入之與藝瑪為美
首頭之本填為美沿
之本來西目
二画纲細圖

五九　佛祖

佛祖硯式壹号之一
但年歲久矣□作
端州紀傳圖

九健硯藝

東風第一枝正側面拓片 硯之意趣有它
的審美特殊性也有它的要求要符合硯的把
翫之的意趣多立於物象形態的表現以
以形態意趣丰是硯藝之本質性其物象

六十 東風第一枝（正面）

之意趣
美鍵是
正循逐
硯之合乎
法道但不
一至是合
悝的多
數製硯
者韦必
識此
竹健
於記

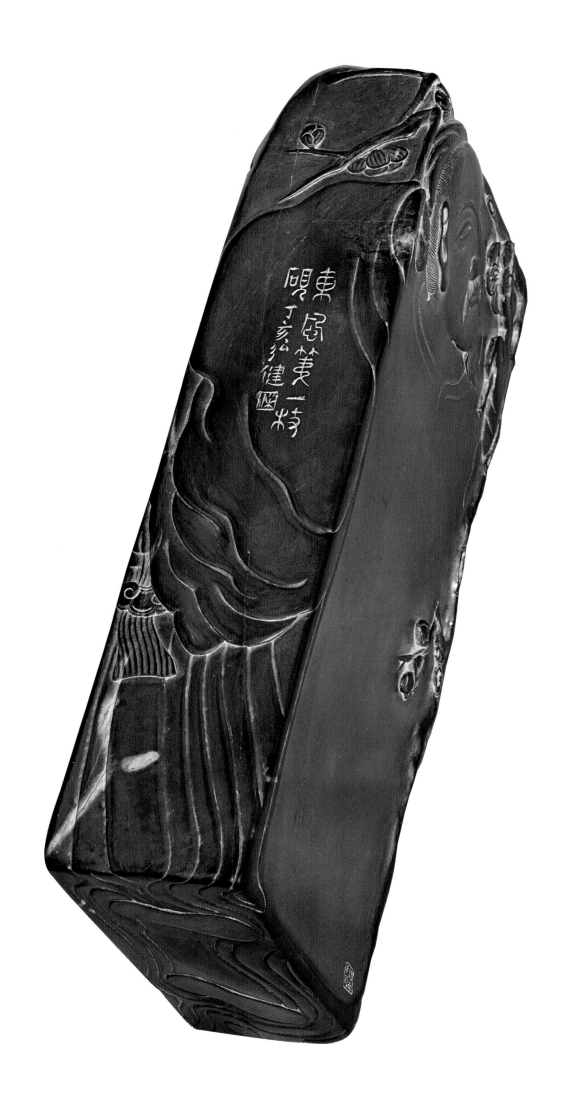

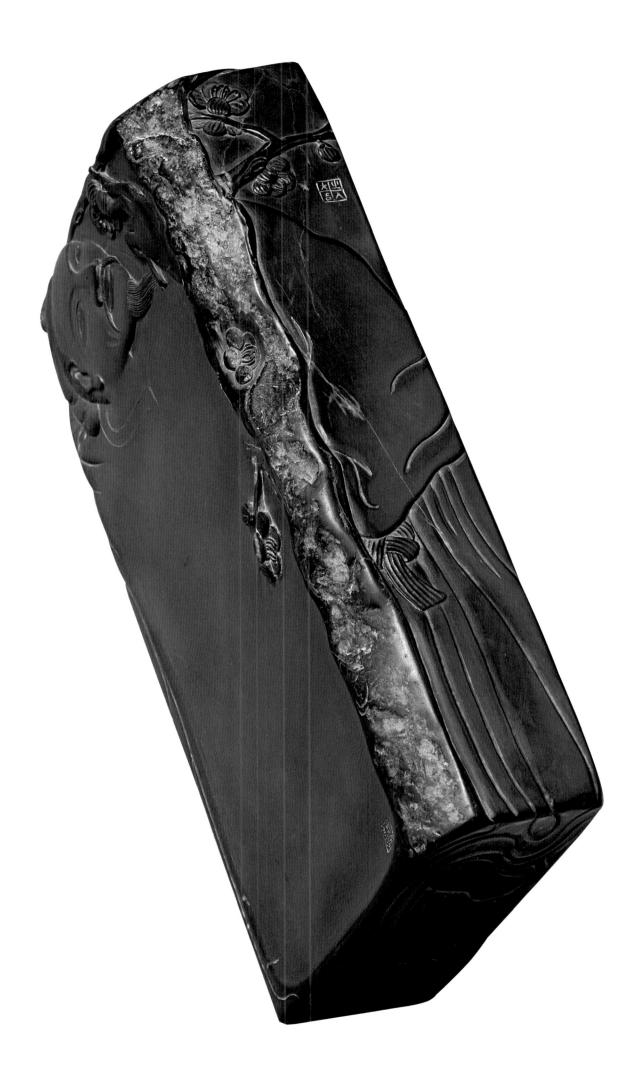

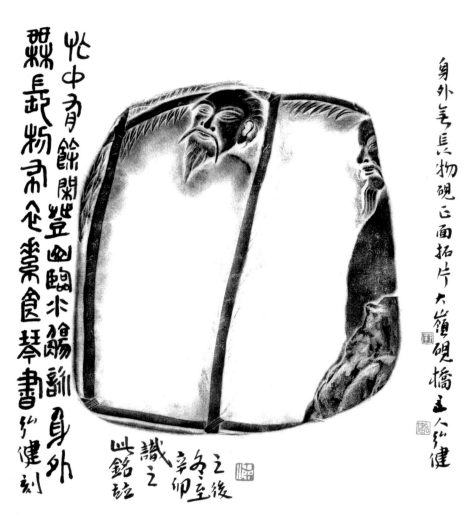

身外無長物硯正面拓片　大嶺硯橋主人沙健

忙中有餘閑登幽臨水論身外
硯長物弔今羹食琴書沙健刻

之後
辛卯冬至
識之
此銘並

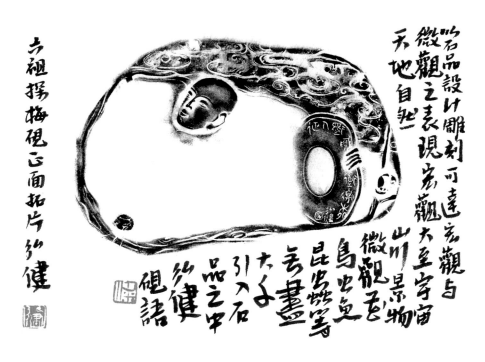

六祖探梅硯正面拓片　沙健

硯石品設計雕刻可達宏觀與微觀之表現宏觀大至宇宙天地自然山川景物微觀至鳥虫魚昆蟲等盡大千引入石品之中沙健硯語

黄鸝
聲之
覓知
音硯拓
片製硯要
手合手感
手感好不刺手不碍磨墨洗滌方便爲之
合格　辛卯立冬　大嶺硯橋竹健

弘健硯藏

203

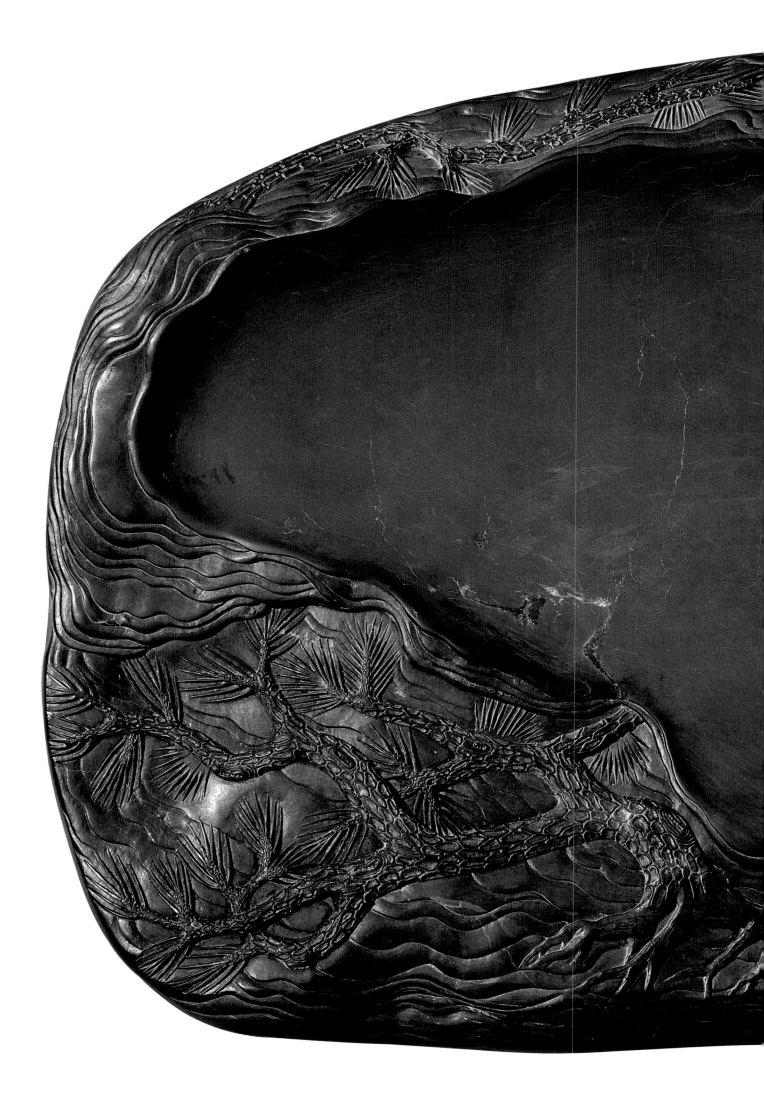

六四　雲飛象外，臥聽松濤

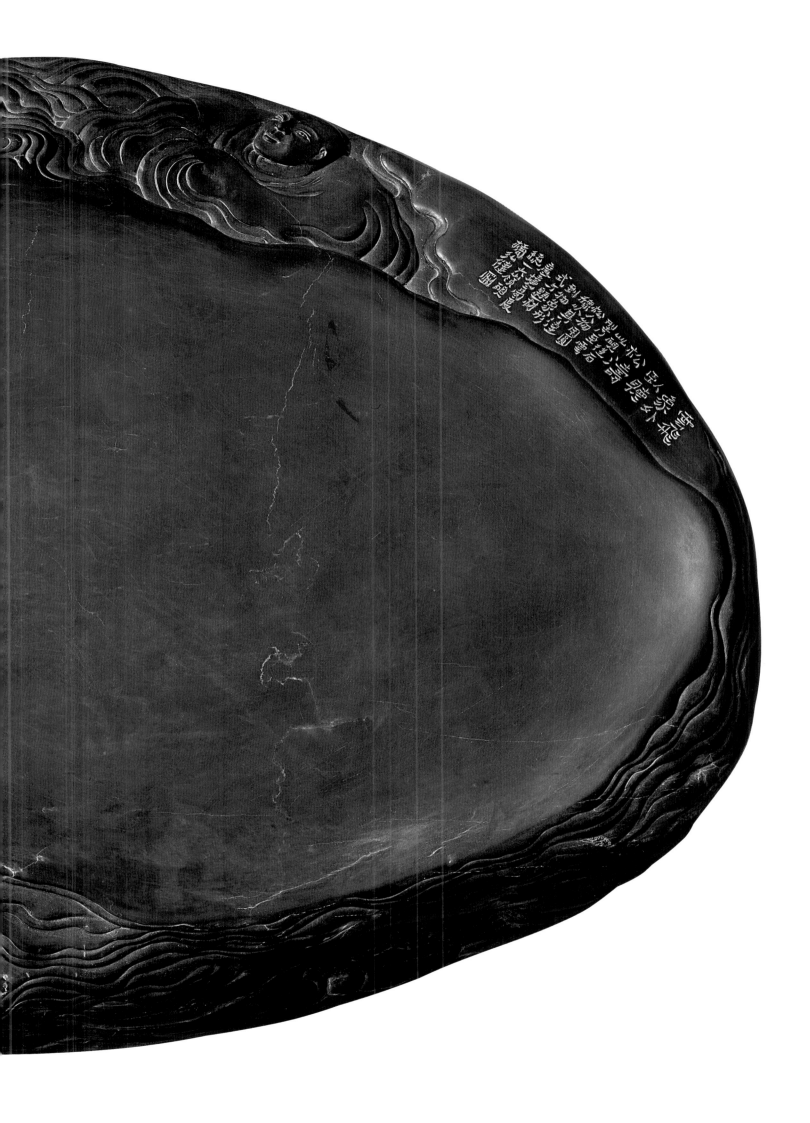

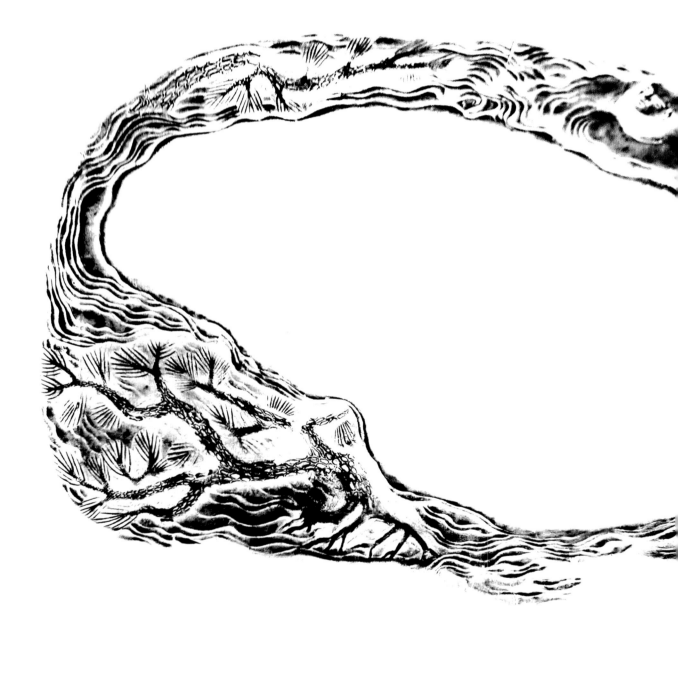

大凡雕料先审视石品以石品上乘为主把好的石品放主砚之主要位置如砚堂砚池砚额小可随意构究宾主位置梨碰期间往之有感随意写之有笑方家个健於星湖

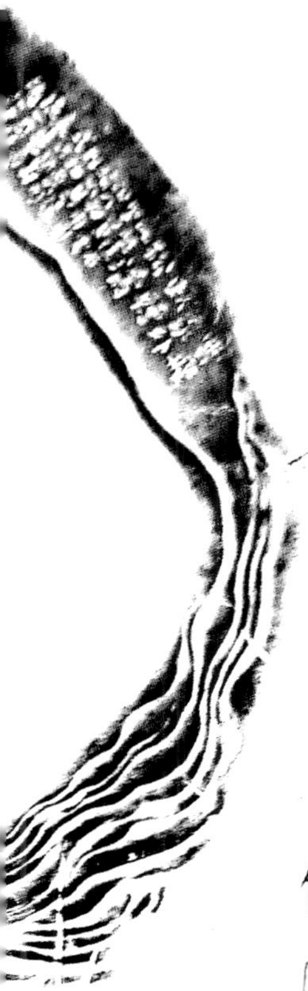

雲飛象外取臨松濤硯正面拓片兒的創作對意趣有偏愛性
但它的高度印作品的意趣高度是沒有偏愛的它必存
左它存左的是否符合硯的使用功转與工藝結合達到的
一種高度 辛卯歲春大鴞硯橋主人 弘健

枕月吟詩

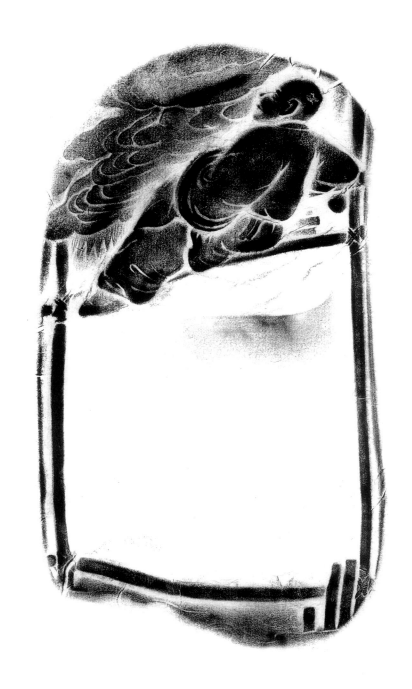

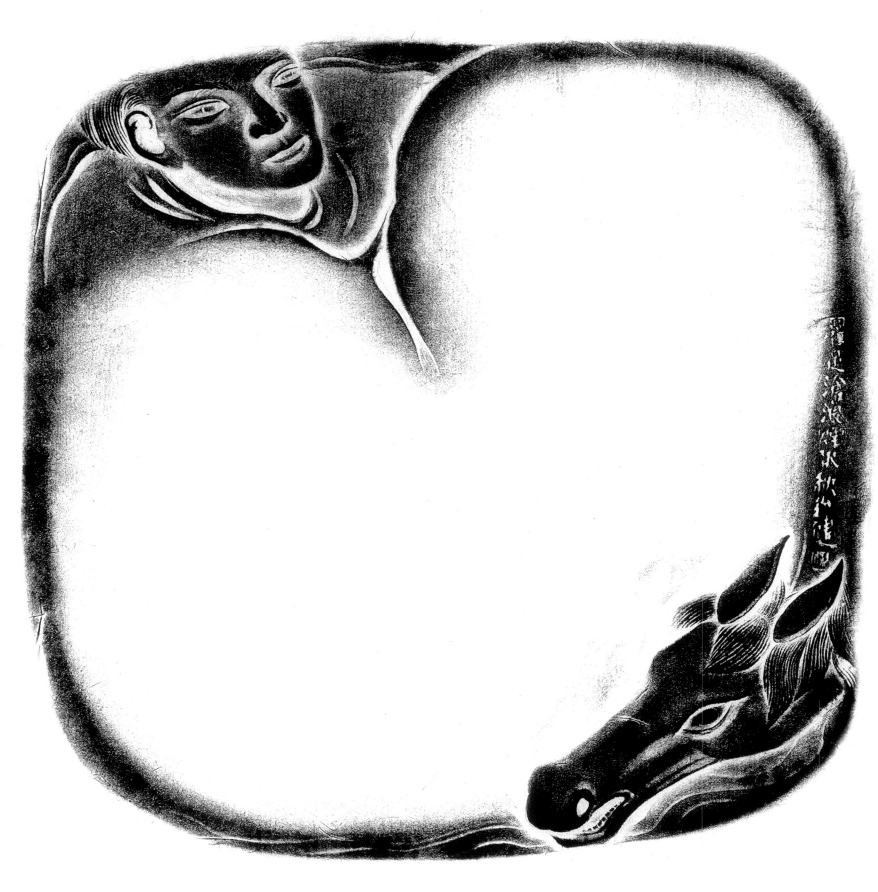

六六　濯足滄浪煙水秋

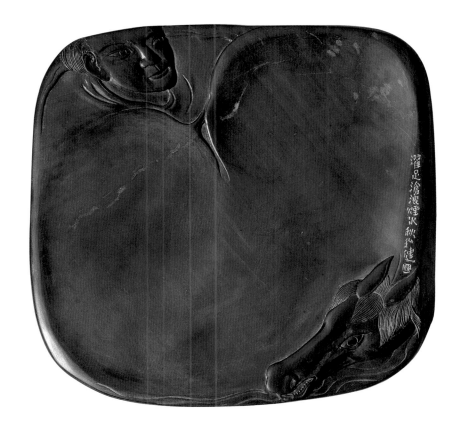

六
七　醉翁

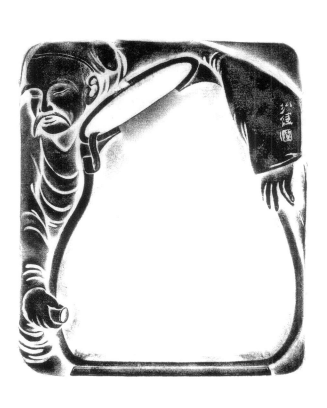

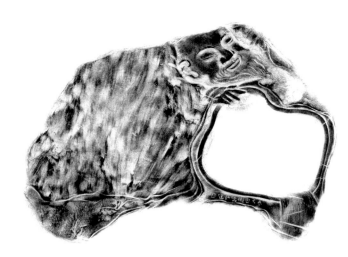

心在身不在即身在心不在
身在即身不在等物随
心性气健悟得大岭砚桥之人

六八　春光困懶

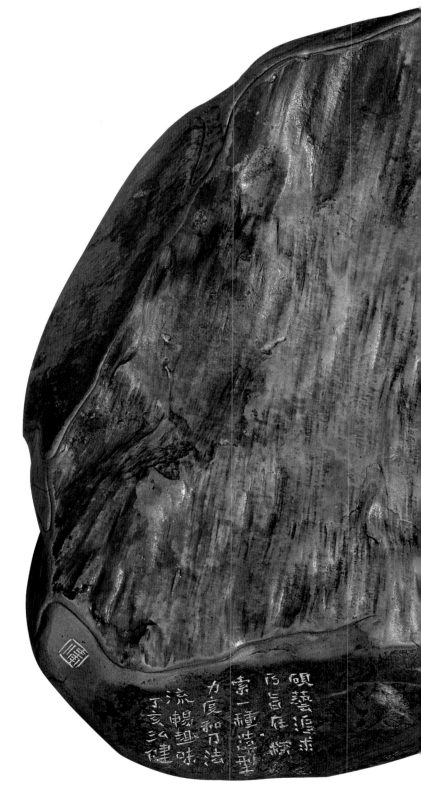

砚鋕追求
而旨在探
索一種造型
力度和刀法
流暢趣味
丁亥 法健

214

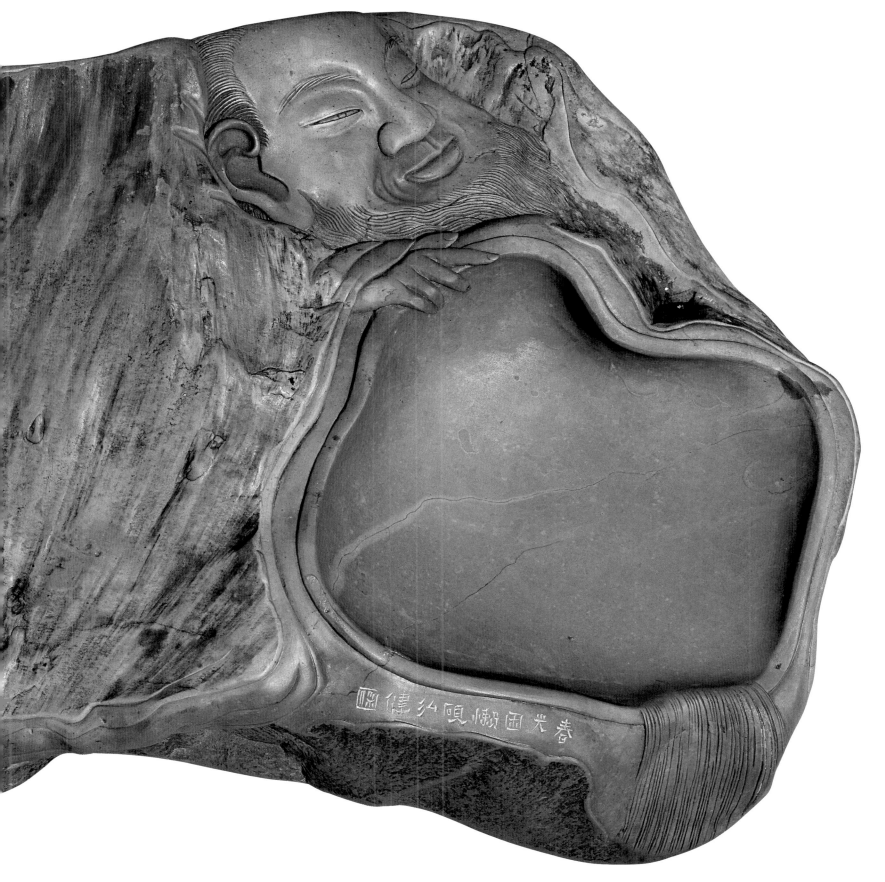

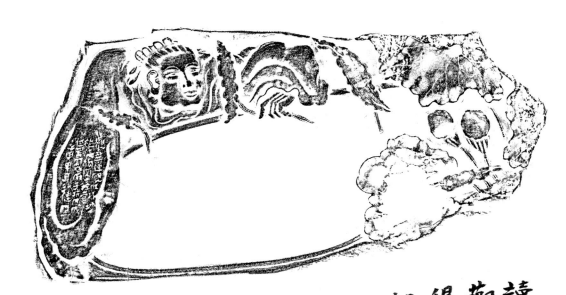

讀畫
觀照
得觀

盤蓮
硯之墉
製成

此圖已
面拓片
甲申歲
秋竹健
於大城

硯橋

滿船明月浸虛空

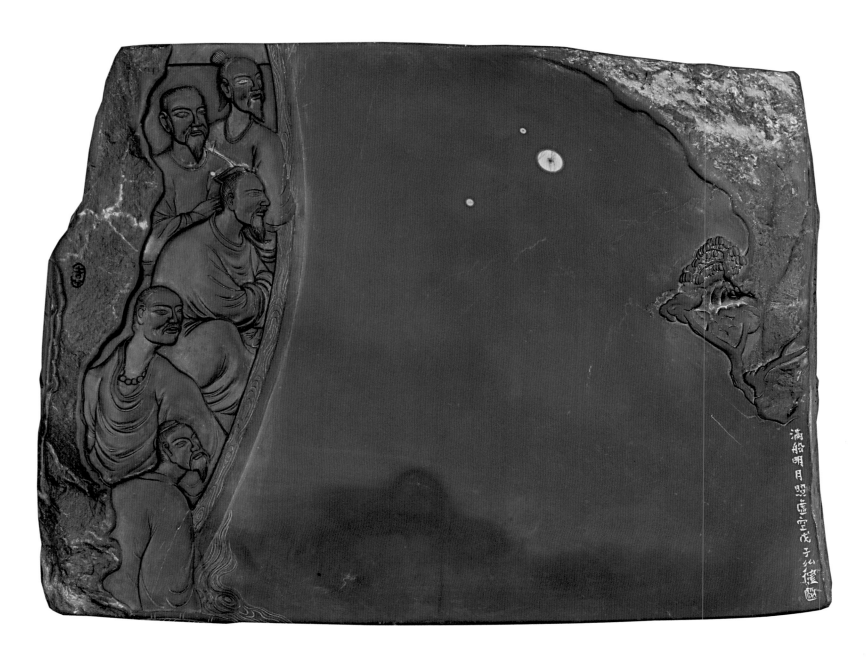

滿船明月照虛空戊子秋樓圖

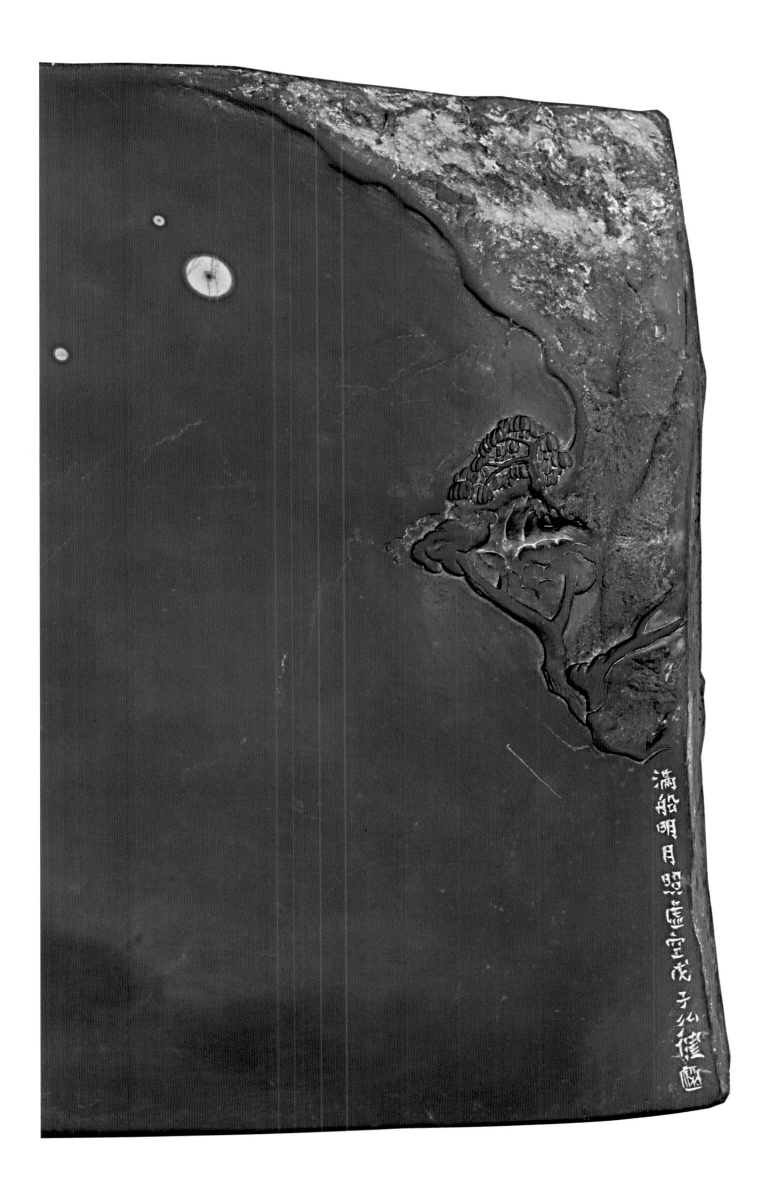

满船明月照虚空戊子仏健鐫

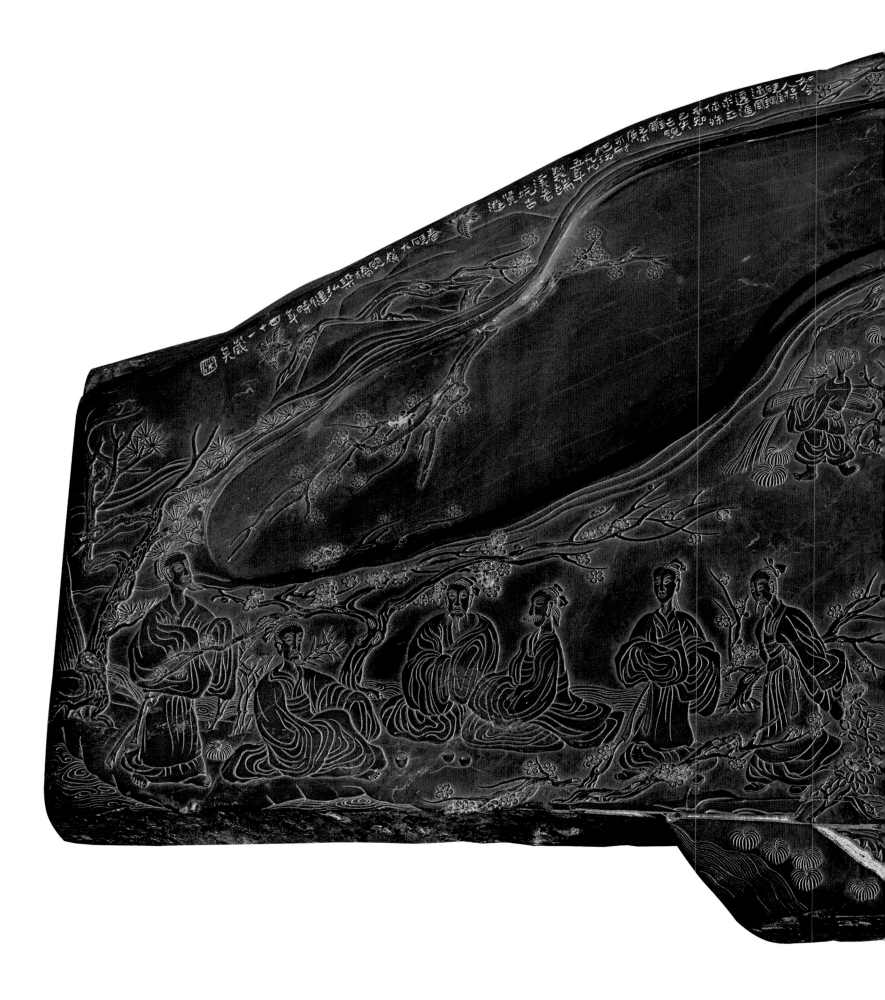

七一　古賢游春

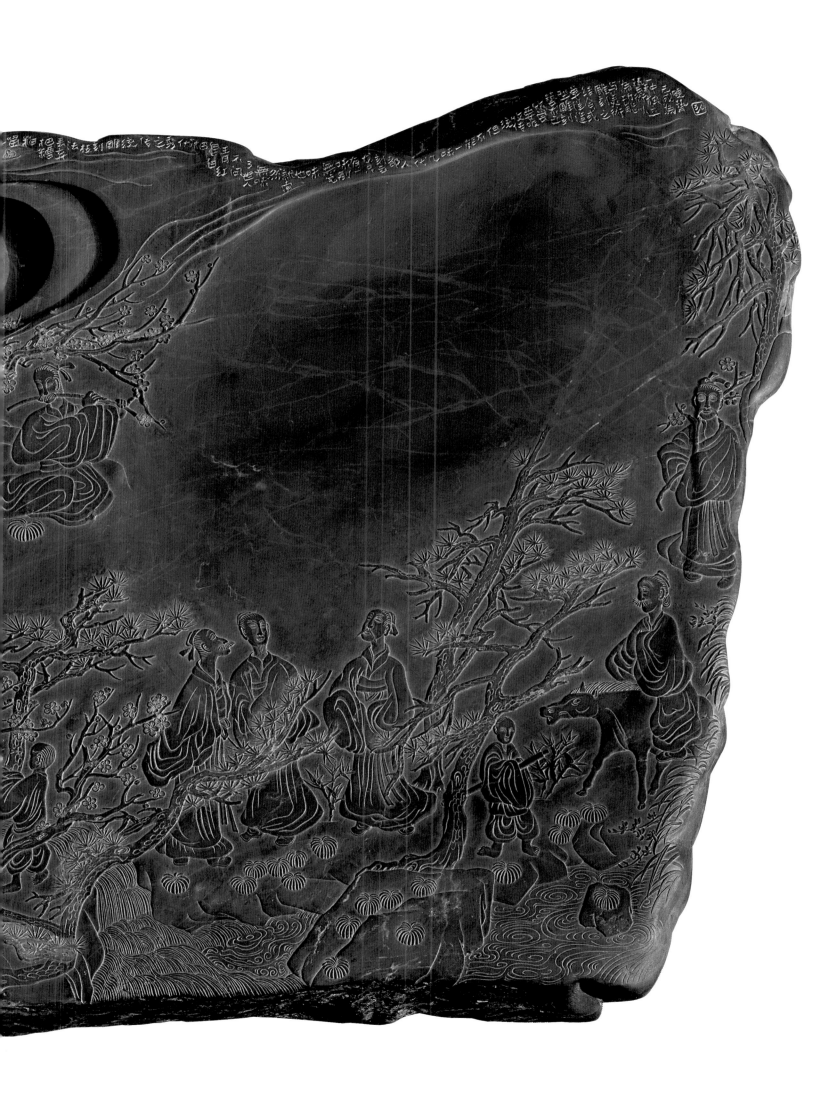

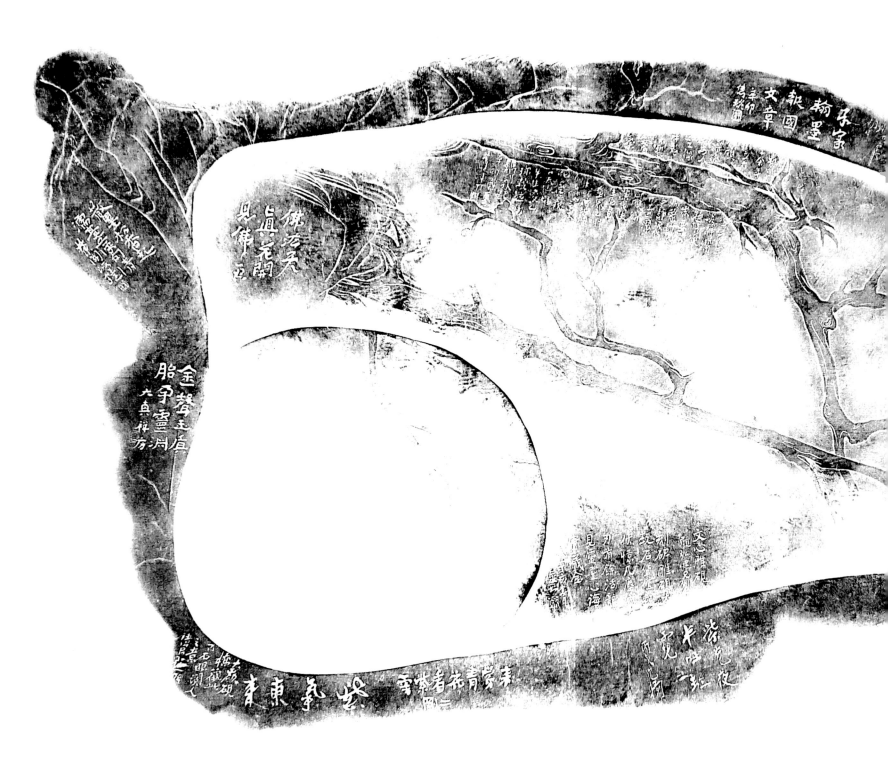

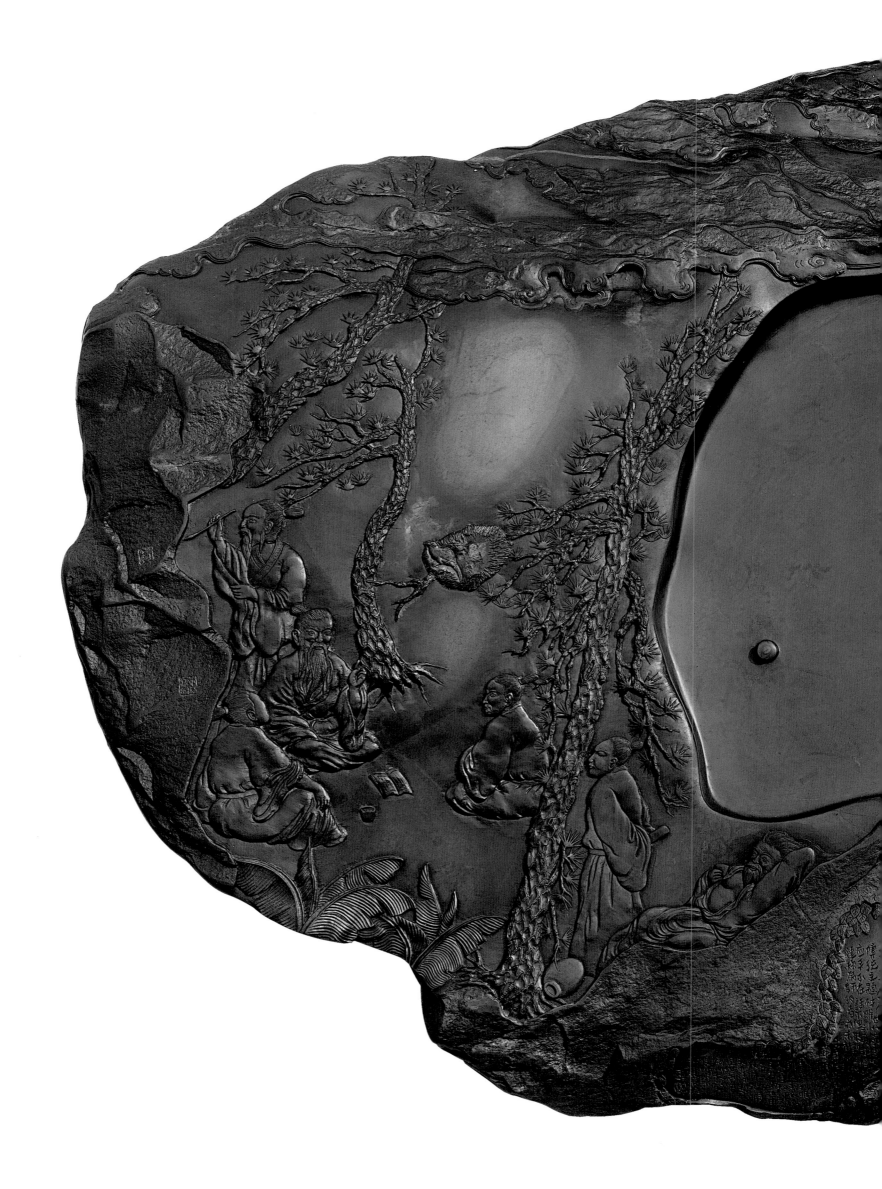

七二　皎皎秋月對詩歌

松健硯藝

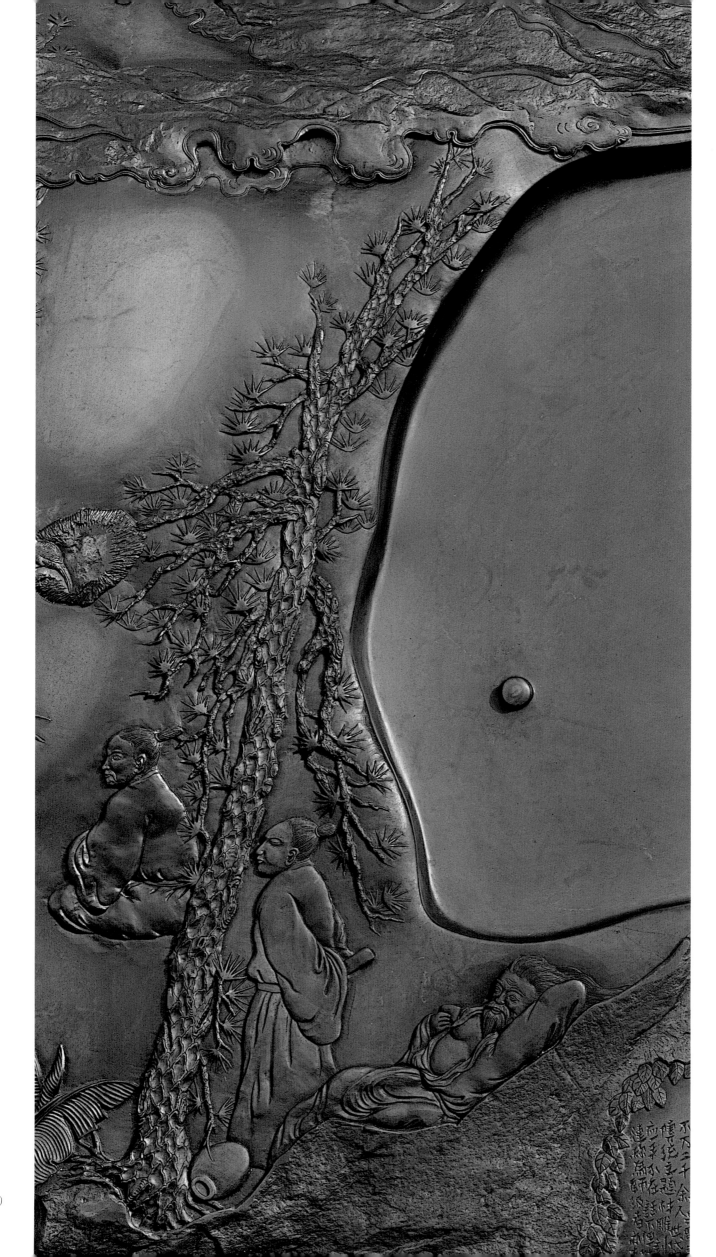

硯品賞析

文／何初樹（中國作家協會會員，一級作家，廣東省作家協會理事，肇慶市作家協會主席）

《暗香月影》

硯池是一彎蛾眉新月。左上角乃石皮所雕的傲雪寒梅。更喜得梅枝弄影，花開黃昏月下。將此硯置於鼻子前，寧謐中似有暗香浮動，異馨撩人。幾處青癩本是石中瑕疵，作者化腐朽爲神奇，以簡潔的刀工、流暢的綫條將它變作搖曳梅枝和燦開梅花。一幅挾着古樸詩風的丹青帶着色香味撲面而來，彰顯出獨特的文化韵味。"疏影橫斜水清淺，暗香浮動月黃昏。"林逋的七律《山園小梅》在硯裏得到了形象化的詮釋。

《月彈蟬曲弘禪瀘》

麻子坑有凍上眼的石品世間已極爲罕見。作者將硯堂製成了紫荊花葉形狀，麗日之下，芳菲四溢。葉上有蟬兒高唱。以蟬喻禪，無聲硯石，似傳來了莊嚴神聖的禪曲。佛理禪機，深蘊內裏，言簡意賅。兩邊"走水"處用單刀追刀瀘鎸刻硯銘："月彈蟬曲弘禪瀘，日照紫荊健芳菲。"巧妙地將作者梁弘健的名字嵌於內中。盈溢金石味的字體與文采縱橫的硯銘相配，意趣、意味、意境相得益彰。

《白雲生處有人家》

上品的老坑石，頂處有斜檐，若把珍貴的石料去掉，殊爲可惜。作者巧妙地用它作屋檐，下部金黃石皮刻成疊嶂層巒。人家位於山巔白雲生處。屋頂綠葉掩映，散發出濃鬱的農家氣息。硯側面爲白雲環繞的磚墻與窗户。硯底部是偌大的白雲。作者以豐富的想象力，用四維立體空間的表現手灋，把浩瀚無涯的經天緯地、天上人間盡收硯中，將一屋四墻表現得惟妙惟肖。各種元素的使用收放自如，張弛有度，互照烘托，誇張而不失實。實爲浪漫主義與現實主義的完美結合之作。

《東風第一枝》

東風即春風，第一枝爲梅花。在方璞的坑仔石上，四周雕刻着虬扎梅枝，有的含苞欲放，有的傲然綻開。作者將古人的透視技灋充分運用。用超乎尋常的想象力將一個人壓縮在整個硯裏面：硯的兩側爲肩，底部是腳板。硯堂上部的人手執怒放的梅花在凝神細品。看似平静恬然的外表神態，却掩蓋不住其内心對春天渴望之情。裏外的强烈反差，使人在寧静平淡中感受到勁道噴涌的藝術張力。

《青松千尺》

將唐代大詩人杜甫的"青松恨不高千尺"曠世名句融於硯中。大朵的浮雲作硯堂，别具一格。赭色的石皮爲樹幹，恰到好處。型制簡樸大氣，物象少而點題，將松樹與白雲來個天作之合。青松拔地而起，直衝九天，把整堆浮雲捧起；靉靆白雲又反襯出青松的巍峨挺拔。驀然間，天地融爲一體，天高不再高，地寬不再寬。一種勃然向上的激情在無聲的硯石上奔騰、澎湃。

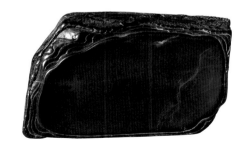

《此蜜蜂羨煞人》

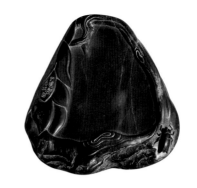

頗有嶺南特色的一串串禾雀花，大氣且有靈氣，引得蜜蜂翩然而至，醉臥花叢，妙趣橫生。一幅充滿活力的大自然畫圖映入眼簾。此硯以小見大，從中可窺世間萬物的自然自在。那種田園牧歌般悠閑之情，讓當下生活節奏緊張的人見了，真是羨煞極了。放鬆心情，自當益壽延年。淺刀細雕處，折射出深刻的人生哲理。

《夢中得咏詩》

秋葉、秋蟬、老樹頭、月牙兒……各個獨立的元素有機地組合在一起又互爲呼應。紅葉題詩，蟬鳴高枝，月夜夢回，互照的物象如詩如畫，深邃的意境如夢如幻。簡潔的構圖，蘊含着深厚的文化內涵；文人書卷氣，彌漫在方寸硯臺之中。小小端硯，展現了超逸脱俗的藝術風格，流瀉出不爲名繮利鎖的人生感悟。

《忙中有餘閑》

充分利用石品的形態、色彩、肌理作硯。茅棚內，兩邊火捺刻成兩位飽經滄桑的老者，銀絲飛霜，長髯飄灑。百忙之中，兩人難得有餘閑。物象的造型定態是静的，但此時此刻，你凝神諦聽，似乎聽到硯石裏隱隱傳來他倆的竊竊私語。他們正在講什麼呢？在回憶那逝去的歲月，還是在憧憬着美好的未來？是在傾訴對兒孫的關愛，還是在交流着參禪悟道的體會？內中隱語，引人遐想。

《南海霽雲》

硯石上有3個魚腦凍和一個天青凍，襯以30多顆晶瑩剔透的鴝鵒石眼、青花、玫瑰紫等石品。如此優質的麻子坑，千年難覓。這珍稀的硯石該製成什麼呢？若做一般題材的硯無疑是暴殄天物。梁弘健歷經兩年、設計過10多個方案却未能遂願。

近日，南海風雲變幻。周邊一些小國，覬覦我國南海諸島，企圖强搶霸占。祖國神聖領土不可侵犯！風雷激蕩，雨後雲彩將會更絢麗多彩，晴空萬裏。藝術家敏鋭的時代觸角被觸動，愛國之情被激發起來。一方題材新、立意高、技藝巧的《南海霽雲》便應運而生。

作者大膽地突破了傳統藝術手灋的桎梏，選取了從飛機上鳥瞰的獨特角度來佈局設計：硯堂上的魚腦凍和天青凍恰似波詭雲譎的海洋。硯面的珍貴石眼，猶如散落在浩瀚南海上的一個個島嶼。熾熱的愛國激情從端硯中勃然而出，洶涌澎湃。

民族大義與藝術手灋如此完美地結合起來，達至臻境。這不失爲中國硯界的精品佳作。

硯品賞析

文／駱禮剛（肇慶學院教授，廣東省硯文化研究基地主任）

《大江淘月硯》

（左：硯面；右：硯背）

　　具有冰紋凍的老坑硯石，歷來被認爲是端石中的極品。本硯構圖亦由此發想，將密佈的冰紋想象爲涌流的江水，周邊淺刻水波紋與之配合。硯面上方雕琢圓形硯池，喻爲明月在江心的倒影，因此命名曰"大江淘月"。右邊緣有一顆鴝鵒眼，亦如伴月之星。硯面右下角刻畫一葉輕舟，凌駕在浩渺波濤之上，舟中坐着兩位文士正在侃侃而談。這幅畫面表現的乃是蘇軾《赤壁賦》所描寫的情景，"月出於東山之上，徘徊於斗牛之間。白露橫江，水光接天。縱一葦之所如，凌萬頃之茫然。"然後子瞻與客人就明月、江水、清風展開了一番關於人生哲理的對話。硯背右上角有小塊天然黄褐色石皮，稍加脩整以象徵赤壁，而左上角微有凹缺，于是雕刻橫生懸崖的古樹蒼藤，用以掩飾缺陷而又與右邊的赤壁相映成趣。其下鑱刻銘文曰："大江淘月。此老坑，滿佈冰紋，如江水滔滔不絶，從天而來。辛卯霜降弘健製。"後鈐篆文"梁"字方印。銘文既是對創作主旨的簡要説明和製作落款，亦具書灋配圖之裝飾作用。

《詩酒人生硯》

本硯利用石料周邊原有的黃褐色石皮，象徵高山懸崖。中間開闢硯堂，呈現出胭脂暈、青花、金銀綫等名貴石品。硯堂周圍刻畫傾瀉而下之江水。硯額雕刻一位文士，其衣襟微敞，無拘無束地半臥於船艙之中，姿態似酒後微醺而隨意自然。硯面左下角鐫刻銘文："高山流水詩千首，明月清風酒一船。己酉年春，弘健。"這裏的詩句出自晚明詩人黃周星，表達的是不與世俗同流合污，寄情於山林江海，詩酒相伴度日月的自由人生態度。本硯以此爲精神內涵，構圖重在寫意而非寫實，如文士所居之船艙不刻畫舷板，江水湧流似出船底，水浪紋極度誇張等，畫面頗具古代文人畫的韻味。

《踏雪尋梅硯》

石料上有大片雪白結晶體與黃色石紋間雜，如瑞雪紛飛中的蒼藤古樹。作者將其想象爲寒梅傲立雪中，于是在其旁淺雕梅枝略作點綴，梅枝下刻畫二位冒着嚴寒前來賞梅的雅士，遂與天然石品組合成一幅踏雪尋梅的完整意象。石料下段開鑿爲硯堂，石質細膩滋潤，上有胭脂暈、青花石品。硯堂右邊鐫刻銘文曰："踏雪尋梅硯。一九九七年深秋於南粵端州大嶺硯橋，弘健。"

《月夜蟬鳴硯》

本硯以老坑石隨形施藝，正如作者在硯額左端銘文云："利用天然外形，雕刻蟬着枝頭。枝幹圍繞四周作硯堂，刻月牙作池，表現月夜之下天籟之聲。"末尾落款"大嶺硯橋，弘健"，鈐篆文"梁"字方印。硯額右端，鐫刻"月夜蟬鳴"四字爲硯名。硯堂中均勻佈滿微塵青花，色澤灰藍深沉，有淡淡幾條金銀綫穿插其間，仿佛沉靜的夜空中略有微雲飄過。觀賞此硯，不禁令人聯想起辛棄疾著名詞句："明月別枝驚鵲，清風夜半鳴蟬。稻花香裏說豐年，聽取蛙聲一片。"情韻悠然而遠。

《霧裏家山硯》

此硯將滿佈硯堂的冰紋凍喻爲彌漫的大霧，大霧中現出房屋一角，硯堂周邊，刻畫樹枝若斷若續，是霧中景物若隱若現之情形。之所以在硯堂刻畫房屋一角，乃因此處有五彩釘一痕，故設計圖案加以掩飾，遂收化瑕爲瑜之效。硯面左下角鐫刻作者落款"弘健"二字，鈐"梁"字篆文方印。右側面的褐色石皮上，略施刀鑿，刻畫爲蒼老樹幹，與細刻的樹木枝葉相呼應，且見硯石天然之趣。

《六祖説梅硯》

禪宗六祖慧能，嶺南新興人（新興縣原屬肇慶管轄），以頓悟學説開創南宗禪流派，是爲南禪始祖。慧能喜梅，駐錫處常植梅存念，今肇慶有梅庵，即其遺愛也。此硯利用石料天然黄色石皮，雕刻爲蒼老古梅，虬枝蟠曲，上着梅花，或團團簇擁，或零星散佈。慧能立於樹下，指點梅樹作評説狀。另有一老僧，坐於樹下作聆聽狀。老僧背後，利用小塊白玉斑雕刻爲雲霧半掩之月輪。梅樹右側，開鑿隨形硯堂，展現細膩滋潤石質，上有天青、胭脂暈石品。硯面右邊延至右下角，鐫刻銘文曰："六祖説梅硯。六祖慧能乃肇慶人氏，南禪宗始祖，其講學處多以植梅爲記，以端溪坑仔岩製此紀念。製硯宜氣象清新，宜格局廣大，宜簡構雄渾，宜巧麗樸茂，能得其中一句，亦可爲佳硯。結硯無聚無散，無呼無應，無紋無理，要簡不簡，想繁不繁，如散沙一盤，或頑石一塊，無聚光處，可謂未入津門也。一九九六年秋月於端州大嶺橋，弘健製。"鈐"梁"、"健"篆文方印二。銘文記載了創作此硯的緣由，又發表了自己的製硯藝術觀。品賞此硯，觀其中石品利用及構圖疏密安排，可知作者聚散、呼應、紋理、簡繁之論，乃出於實踐之真切感受，非泛泛而論者也。

硯品賞析

文／張偉民（中國美術家協會會員，浙江畫院副院長）

《望塵莫及硯》

　　一塊原始硯石，正如一方天地，或大刀闊斧或精工細琢，當以石材、品質的型制爲前提。縱有韜略在胸，唯有應石巧製才能實現。

　　眼見得掌上這枚《望塵莫及硯》高不逾一寸，長不合五寸，最厚處也不過方寸之間。硯石多爲棱角，幾不成規則。然製硯者獨具創意、巧設經營、應勢利導，將這近似錐形的老坑石變爲玲瓏可愛愛不釋手甚可把翫的肖形硯，真可謂妙手回春。

　　但見"綠頭鴨"以一天然鴝鵒眼爲鴨"眼"，炯炯有神地盯着眼前的鯉魚正擺尾衝浪、躍江暢游自由來去而奈何不得。在經營位置上，鴨的視線由右向左，鯉魚自左向右，目光對視，却以煙波紋飾緩衝又似左右聯節如一江春水萬頃碧波，將不同時空以藝術手段形成了對立統一諧趣盎然的場景。實在是纖想妙得，巧奪天工之製也。其命題"望塵莫及"之意則呼之欲出了。

　　製硯手澟上，集古澟與巧思妙構之創意，或寫意或寫實相融切換；刀澟上圓雕、浮雕、平雕、深雕，時而陰刻時而陽綫；實刀虛刀交替、綫面結合。特別是硯石正反騰躍的二尾鯉魚，篆刻上利用多邊棱角作擺尾衝勢，既化解石材本身的局限又加强了躍水衝浪的動勢，實在是鬼斧神工之意。在整體佈置上，以水鴨眼綫居中，上顎密集紋飾，嘴角以下以流暢綫條與平坦的下顎爲對比，既作爲裝飾的疏密對比，其簡潔平坦的處理正好又做爲硯堂之用。恰當處琢一小孔，既爲水鴨的鼻孔，又意合墨池所需，此合乎規矩又不失物理。方圓規矩中盡顯妙趣，真讓人擊掌稱道。

　　如果説傳統製硯中有妙用石材的創作手澟，今天的這件作品可謂是發揮得淋灕盡致，可謂當今典範了。在審美狀態上，更可以看到繁復的處理中，顯然吸收了姐妹藝術諸如木雕中的散點透視并融入西方立體表現主義手澟。其形上有形，物上叠物，方寸之間變幻無窮，既顯示出此硯製作與造型上的唯一性，又具藝術品欣賞上的多面性，此股掌之間真是乾坤天地是也。

《枕月吟詩硯》

如果説《望塵莫及硯》在硯雕造型藝術的製作手瀇上與傳統手瀇繼承上有了新的拓展，那麼我以爲《枕月吟詩硯》則在人性的傳遞上將中國藝術審美理念中那股浪漫之風發揮地淋灕盡致。使在本爲中華民族文化一脉相承的文房四寶之製硯藝術在構思立意上找到了精神的承繼，將中國繪畫與中國文人思想在端硯雕刻藝術上有了推陳出新的開創。

如果後人爲東晋那東床快婿之放縱，爲之竊喜，那麼南北朝亂世中竹林七賢則爲一代代文人的精神榜樣。在歷史悠遠的典故中散發出的人文趣質，今天正濃縮在這枚硯石的巧思雕刻之中。《枕月吟詩硯》正是本性使然，據石形、石品隨感而製，一抒懷抱。然那寬不足二寸，高剛逾五寸，左邊弧形，右邊收腰，上下自然形制，將個人精神情懷巧妙地化現在這方硯床上，則是極不容易的事了。

但見那枕月者斜勢而坐，依欄遠遥暮雲晚霞，那側身仰觀，那閑適的情致，那腋下的書籍及隨勢擱在竹欄上的左脚，似乎和着節律，輕輕擊拍⋯⋯硯堂四邊的竹欄、木樁很自然地形成了畫面的內容，也形成了硯臺的形制。而墨堂欄外寥寥數刀，行雲流水潺潺有聲，與硯首垂雲一起一合，天地混沌，雲水呼應。

中國畫講究構圖，有勢、節、收之要素；講虛實相應，有知黑守白之玄妙；講形神兼備，有以少勝多之追求。製硯講究規則，硯堂、硯池、硯唇；講究刀瀇節奏，製硯既有人爲又合天意。今天在此硯中，整體經營、形制塑造、行雲流水的刀瀇，錯落有致簡潔明了，巧麗樸茂清靈雅致，其格高古而創意彌新的審美狀態令今日的端硯又有了奇葩妙製。

其實，硯石初始是一殘缺的自然形制，硯上端左側有自然斜面。作爲硯首形制上尚欠飽滿，想必是在雕刻之初是幾易離稿，有過焚膏苦慮的過程。而現在正是利用原始自然形制中的這個斜面，順勢化爲暮雲飛渡，此漸行漸遠的視覺透視化解與提昇了境界，達到了由近至遠的心理追求，進入了枕月吟詩遥送暮雲似漸漸融入晚霞之中的欣賞狀態。石形的缺陷卻在匠心獨具之後化爲了一種創造的必須，真是一枚言有盡意無窮賞之欣然神往之妙製。借佛瀇之意來説，是禍是福則看你脩心的如何了。

讓我欣賞不已的還有那隨勢擱在竹欄上的左脚，似濯足於墨池，讓我感到身心的舒展。更令人擊掌的其主體一反正面塑造而以側身扭轉，寓静中有動，那舉目飛雲的自然現象，使有限的硯臺具無限的悠遠之意，好一個寧静致遠的妙解。

宇宙何爲宏大，人類當如芥子，祇有心懷坦蕩，天地萬物方能融入胸懷。此雖爲雕工小硯，正也可以小喻大，以静喻遠乎？

硯都肇慶，閱江樓藏硯有銘："硯以静方壽，詩乃心之聲。"遠逝的曾經在今日文人手中不正是覓的了知音，又有了新的更形象的詮釋了嗎？

妙哉！"枕月吟詩硯"。妙哉！梁兄弘健。

《黃河競渡硯》

《黃河競渡硯》是我在肇慶硯雕博物館展櫃中見到的。在專門的射燈下，綠端石散發出特有沉穩的蒼綠與石皮的黃褐色形成鮮明的對比。從天而降的黃河水恍若黃河之水天上來，呈現出"江河天地外"的氣勢，奔騰不息的黃河與奮進的航船，人與自然、鬥爭與之和諧盡在眼前。以石皮爲兩岸，端綠爲河床。那激流，那湍急的漩渦，一層套一層，以淺雕手灋將混沌的江水、滔滔濁浪表現得淋灕盡致。艄公那激吭的號子蒼涼而有力，似田蕩在萬里黃河的上空，田蕩在觀摩者的心裏。和着號聲，那齊心協力的船工，與命運拼搏，爲生命抗爭，與宇宙天地渾成天地絕唱。"用力""用力""再用力"！黃河競渡，"用力""用力""再用力"！這激情感染了創作者，也感染了觀賞的我們。《黃河競渡硯》也由此產生。

左堤岸唯一的建築匠心獨具，突兀地橫亘在濁浪滔天中似中流砥柱，也暗合中國畫蜿蜒曲折的含蓄性，也使場景開合自然、曲折有致。而船尾翻起的濁浪與層層浪濤，深淵處順勢而下形成硯床的墨池，合乎規矩又巧妙經營，使競渡有了形制上的凹凸對比，同時還有刀灋的語言對比，縱橫間力量找到均衡對比。

刀灋上的節奏在這裏讓我們欣賞到圓刀的渾厚，單刀的蕭簡，綫條的流暢與透雕的深意。而硯石中央舒卷如鏡，水性澄明，平靜的河面成了天然的墨堂。原石的彩帶似一抹殘霞通貫天地，似隱似現，無比瑰麗，無限風光。似抗爭後的平靜，似平靜美好的祈福。天際處則是利用邊料自然褐色與綠端蒼翠交叠錯落，很自然地將黃土地與大河交織在一起，色彩紛呈又競相爭暉。

"江河天地外，山色有無中。"好一派黃河氣象。

中國自古就有以刀爲筆，竹、木、石、土、玉、無一不可入畫入書，史稱謂"刀筆"。梁弘健久以刀、筆并用，或宣紙上入畫，或硯石上奏刀，融刀入筆墨，逐漸蒼潤有力；或硯石上體味筆墨之閑趣，所製硯石自開生面。數十載鍥而不捨，深得中國畫筆墨之精髓，又深深體味硯雕之精神。沉浸於筆墨，變幻於刀灋，他以至柔的筆墨、文人的感悟融入於冰冷的頑石之中。以混沌初鑿的精神握刀掘石，在具象與抽象間游刃有餘；在心象與物象間從容落刀，見物、見象、見精神。寫中國文人之性，抒當代文化之精神，將創作者譽爲當代端硯開拓者，此硯觀來盛譽不假。

此硯一反製硯多以靜穆爲尚而在層層濁浪中歌頌華夏民族不屈之精神，沉雄大氣動蕩中顯示意志與精神；握刀鑿石，在至剛的硯石上融入作者千般柔情衷腸；在表現中俯仰自得，游刃騁懷；莊重且空寂，又生機勃發。啊，民族的搖籃，你的寬廣，你的雄偉，你五千年歷史，你生生不息的子孫；啊，黃河，什麼辭藻都不足以贊揚。而這一切僅在這枚35×26×6厘米的硯石上呈現！

當進入展廳一眼瞧見這件作品那不同一般的形制與開天闢地的氣勢，不假思索，即對陪同的友人說，此作品倘若要參加全國評比當可得大獎。始近觀之，見解釋牌呈現釋文：

《黃河競渡硯》肇慶硯雕博物館收藏，木紋石，35×26×6厘米，2005年創作，獲全國金獎，作者梁弘健。于是友人間擊掌大笑。

硯品賞析

文／薛國慶（肇慶學院美術學院副教授）

《一葉知秋硯》

　　該硯巧妙地利用帶有石皮之處雕刻一樹葉,并在樹葉上雕一知了,以石皮的天然色彩隱喻秋意，正合唐人詩中所謂"山僧不解數甲子，一葉落知天下秋"之意境。從該硯的外形看，便略似一片樹葉，加之左側又有少許金黃色的石皮，可見作者在選石與相石的過程中，就已憑借敏捷的思維進行獨特的構思和立意，正是"因石而得形，因形而造意，因意而施工。"作者運用浮雕與綫刻結合的手濾進行精雕細琢，特別是一些細節的處理相當考究，如對蟬的刻畫精細入微，葉邊的微卷更增强了立體感，葉邊的弧綫與硯堂部分正好形成分隔、卻又與硯堂外圍的邊綫巧妙地連成一體，既充分顯現出硯堂石質純净、溫潤細膩的石品，更使形象栩栩如生，整個硯面渾然天成，清新自然、疏朗大氣，體現了作者精湛的硯刻技藝。

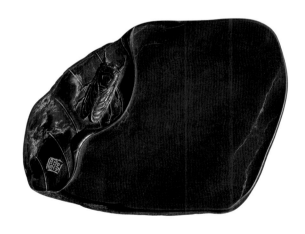

《漁舟唱晚硯》

　　該硯正面刻有漁舟、漁人以及水流紋和歡快的游魚，以兩個嫩黃色的石眼象徵漁舟上的燈火閃爍，以胭脂火捺的自然之造化隱喻江面上昇騰的紫氣雲煙，恰到好處地渲染出"漁舟唱晚"的愉悅氣氛；硯的背面刻有行雲流水、岸邊樹叢，畫面更爲簡淡寧靜、野逸率真，酷似倪雲林山水畫之意境。該硯造型自然圓潤、渾厚，構圖簡約空靈，紋飾靈動流暢、構思獨特，意境深邃。鐫刻的刀瀾勁健沉宏、鏗鏘有力，形象簡潔寫意，一洗雕琢滿眼、面面俱到之匠俗之氣，配以硯銘落款用印，更是妙趣橫生，散發出濃鬱的文人書畫之韻味，是一方難得的把翫硯之逸品。

《清流激湍硯》

　　作者在傳統"走水硯"形制的基礎上，探索性地變爲當代山水硯的造型，對山水畫入硯的構成研究和呈現方式以及硯刻技藝，令人觀之叫絕。作者利用石塊未經脩飾打磨部分的表面肌理和石皮的自然形態，象徵崇山峻嶺、山石突兀之狀；硯的左下方至側面刻有樹木叢林；硯堂的外形處理成一巨大的山石，右上角刻有小樹叢，與左下方的樹林遙相呼應；在環繞硯堂的走水凹槽上，刻有水流紋和漩渦紋，以寓"清流激湍、映帶左右"之意。觀此硯仿如漫步山中，層山聳翠、絕壁如削、林寒澗肅，清流觸石，洞懸激注，足以令人遐思不絕如縷，浮想聯翩。充滿着人文關懷以及理性與寬容，體現着一種"澄懷味象"的豁達心態。該硯外形的厚重粗獷與整個硯堂的精細打磨脩飾，形成強烈的對比，更加突顯老坑石質的細膩、堅潤、圓滑之光彩。

硯品賞析

文／衛紹泉（端硯批評學者）

《無邊月影浸曲池硯》

有人説：畫家的眼光中有天真、有爛漫、有遐想、有希望，我想，畫家最可貴的眼光在於發現與構築，世界在他眼中不僅絢麗多彩，而且別具生趣。

《無邊月影浸曲池硯》就是一方別具生趣的硯臺。它造型端方厚重，景物雕刻跳躍靈動。天上之月與水中之月相和應、亭榭樓臺、山石樹木與曲池游魚交合成器，各景物自得其趣，亦融而成境，出乎意料之外，又合乎情理之中。妙！此乃自然之造化與作者迥異常人之視覺和豐富的想象力共同編織的佳作。觀滿池水墨煙波起，引天地文章從容寫。

《佛祖硯》

煙雲之間，菩提樹下，佛祖現身。此或者是作者藉心中所"見"之佛祖東來意境雕而成像，以示眾生。

是硯方正大器，大片蕉葉白上襯映着的火捺別具意味，與作者心底中的"潛影"碰撞，迸發出一道靈光，佛祖之像自然而生。從無意之形到有形之象，從非相之中見到實相，足見作者自由想象空間的豐盈。

觀斯硯，佛祖在作者刀下顯現之像虛實有致，亦真亦幻，似動猶静，他婉約的內涵蓄發着無形的磁力，吸引着觀者去領悟人生的真諦；他神聖而莊嚴的神韻，洋溢着亦拈花亦微笑之幻，給人以心靈上精神的慰藉。賞用者或於摩挲研磨之中，面對紫雲香泛，墨花浮艷之誘惑，心亦泰然，不拈不惹，不垢不染。

《醉翁硯》

　　麻子坑佳材，同類題材中的別相，更有硯味，更有意趣，也更合硯理。

　　是硯之妙在於作者在構思中充分利用麻子坑硯材的特點，酒罈的佈局巧妙地取捨在石質與石色之分的恰當處，似暗示了老翁飲酒的度量足以讓人大醉，醉後的酒杯倒向硯堂，指向硯堂中足以讓人一醉的"魚腦凍"，這是端硯中最美之處，美之質、美之品亦足以讓深諳端硯三昧之人一醉；同時，作者在不經意中提示賞者，醉翁醉後本能地將酒注入硯堂，夢中想當一回李白，直抒心中寂寞，醉寫《將進酒》，與爾同銷萬古愁。

　　或許醉翁之意并不在酒，而在乎於紫雲之醉之游。是酒罈乎？是硯乎？誠莊子之與蝴蝶，已不重要了。研磨之樂，得之於心而寓之於硯，醉酒是樂，醉硯是樂，醉文是樂，醉藝是樂。誠然，醉翁之樂已醉之於心，我想，這才是真的樂。

《皎皎明月對詩歌硯》

　　中國古代文人有以文會友的優秀傳統，或"十日一會"，或"月一尋盟"的雅集現象是中國文化藝術史上的獨特景觀。

　　或許是硯面上明亮瑩潤的秋月打動了作者的心扉，引發了作者將積澱於心底處對古代文人雅會嚮往之情融入硯臺的創作中。皎皎的明月，曾經穿越了千載時空，在高高的天空上審閱人世間的滄桑，她散發的光芒，照亮了茫茫沉寂的黑夜，照亮了無數孤寂的詩心，也成就了千千萬萬膾炙人口的詩篇。

　　觀弘健刀下的文人雅會之景，是鄴下之會、蘭亭雅集、揚州人雅會、抑或是大嶺硯橋雅集？明月之下，山錯石落，松風蕉影，人物神態各異，或吟或誦，或傾或訴，或唱或和，或飲或歌，或中或繪，或沉思或神游……此情此景，足以平衡作者心中之餘情乎？

　　尤值抒一筆的是該硯銘文的位置經營與表現手灋，硯與銘自然而然相融，銘與情境相合，銘與風格相彰……其妙，難在盡言中。

不鳴而響 無聲而歌
——賞讀梁弘健《蟬鳴夜月懸硯》

文／衛紹泉（端硯批評學者）

都説"文如其人"、"畫如其人"，我想，也許"硯"也可以如其人。

然而當硯不僅僅是一件作爲日常使用的研磨器具時，當硯不僅僅是一件作爲"謀生"的商品時，或者説，當我們以硯之用爲基礎，却又超越硯僅僅作爲實用的工藝器具而在它身上附着精神愉悦的功用時，就像成熟的硯雕藝術家把硯石轉化爲繪畫創作中的媒介——紙，把雕刻刀轉換爲手中的筆進行創作，并做到人、硯、藝、文達到統一的程度時，"硯如其人"的説灤才成爲可能。

當我以審美的眼光凝視着中國文房四寶製硯藝術大師梁弘健的新作《蟬鳴夜月懸硯》時，更堅信自己的判斷。我清晰地看到了作者於端溪老坑硯石中造型賦意之"象"，看到了作者於硯之"用"外以虛實相生的景物，誇張寫意的手灤，圓潤流暢的綫條，刻畫出一幅梧桐月圓、蟬抱高枝的氣韵生動的意境圖。透過温潤的硯面，清華隽秀而又淡定從容的蟬與簡潔靈動的梧桐枝葉形成動與静的呼應，向欣賞者傳遞出惹人心魄的騷動而又瓢逸的神韵。我静觀着眼前的硯，并把目光聚焦在緊抱高枝而鳴的蟬上，蟬身上黄緑色的翡翠斑特別惹人注目，也惹人遐想。不知是否太投入，我看見

這蟬似静又如動，它好像會隨着我的呼吸而起伏、擅動，當我屏往呼吸時，它却又變得嫻静安逸。慢慢地我的視覺開始變得模糊，焦點在蟬身上暈化，從多彩的暈光之中仿佛看到了作者儒雅的身影，也仿佛聽到了作者低沉厚重的聲音。我肅然閉目，静静地聆聽着，放飛着想象的翅膀，任其暢游。

蟬，這個自然界中弱小的生命體，朝飲甘露，暮宿高枝，夏生秋亡。也許正是這一生命體所包含的獨特意藴，從《詩經·小雅》起，蟬在中國古代文人墨客的筆下便開始反復吟咏。世事滄桑，斗轉星移，蟬的意象已超越了生物學上的意義，而成爲抒發某種情感的文化意象，自然的蟬被人格化，授以"文、清、廉、儉、信"五德，奉爲"至德之蟲"，藉以審視人自身的人格價值。弘健藉蟬這個意象與梧桐、缺月組合在一起創造出新的意象，是否如元代四大畫家之一的倪雲林作畫時的心境"聊以寫胸中逸氣耳"？我一邊用眼去賞硯，一邊用手去撫硯，一邊用腦去追問着硯。

忽然我腦中冒出了朱熹"高蟬多遠韵，藏樹有餘音"的詩句，心中豁然開朗，這硯上之蟬，不正是作者心中之"蟬"嗎？我想，我可能聽出了弘健刀下之蟬的餘音意味了。

弘健執著追求。他生於書香門第，自幼受良好的家庭教育和中國傳統文化藝術的熏陶，從未間斷過拜師學藝與學府深造，也從未間斷過書、畫、文、刻等門類藝術的磨礪與探索。三十多年的藝術創作艱辛之路，幼嫩之軀已漸成熟，并逐漸形成了自己獨特的藝術風格。出於自己對中國傳統文化藝術的一往情深，弘健似乎聽到了未來的召唤，勇敢堅定地朝着認定的方向邁進，他或者知道前路的崎嶇，所以他的步伐却從未遲疑。回眸從藝之途，他一路吟

唱，一路放歌，一路上印着沉實堅定的足迹，一路上不斷收獲着成熟的碩果。這或像蟬，歷多年的蟄伏和痛苦的蛻殼，才成爲不畏風雨的歌者，它真的有理由這麽自鳴自得。

弘健淡定從容。他的藝術生涯自然是也有風雨也有愁，但他却能坦然面對，應付自如，因爲他充滿自信，也充滿智慧，他有着對自己所從事的藝術門類的獨特脩煉過程和經驗，有獨到的見解和感悟，前面的路縱然有風吹雨打、坎坷籬障，依舊雍容不迫。這或像蟬，面對自然界復雜迷幻的環境，依舊吟唱自如，面對夏秋之炎噪，聲調依舊收放隨意。

弘健品格高潔、胸襟寬厚豁達。他追求境界，追求個性，追求從"有"向"無"的脩行與知悟的統一。在世俗的洪流中，并不隨波逐流，堅定地走着自己的路，他的硯作、畫作悠然自得，淡薄功利，直抒"胸中之竹"，他深信品格高潔，無須迎合時俗，亦能遠播留芳，他要讓自己的作品自己説話，讓知音人賞識。這或像蟬，高抱枝頭，風餐露宿，也許有人懷疑它的高潔，仍舊鳴響如初。

古語云："石不能言最可人"， 弘健選擇在硯石上刻"蟬"來表達心中的逸氣，實有一份"自況"的意味，一如他涵養功深、沉穩大度的人格。弘健艱難地走着自己的硯道，開大嶺硯橋之風，以新文人的氣魄，吹奏着文人心中的小夜曲，賦硯石以生命的靈性，《蟬鳴夜月懸》硯正是以這種境界相通的通感手澦，營造了硯臺"有用"與"無用"相融的獨特魅力，也澄照着作者的心境。弘健"愛鳴，也善鳴"（韓愈語），瀟瀟灑灑而又從不張揚，他以身歷行，按自己的理念創作，用自己的作品無聲地展示自己的心靈世界，他不斷吸取儒、道、禪各家的養分，并有效地轉化爲融通的智慧，與其追求的"觀山水全無色相"的理想境界相和唱。弘健靜觀默識體驗宇宙人生，意同大化，因而觀其他刀下之"蟬"之意，可見其生生之機趣，見其與天地精神往來之心，這"蟬"雖不能言，却散發出 "不鳴而響、無聲而歌"的藝術魅力。

我田過神來，重新審視《蟬鳴夜月懸硯》，透過老坑硯石如遥遠夜空般幽靜而柔和的紫藍色調，蟬、梧桐、殘月交融而成的意象所傳遞出來婉轉迴旋的韻致和詩一般曼妙的氣息，讓我領略到一種清雅透逸、淡定自然的中國文人特有的文化柔氣和儒雅風度。

這氣度首先來自蟬的位置經營和巧色處理，蟬抱梧桐高枝，被安排在硯中的黃金視點，壓縮了的透視空間更顯蟬的神態專注從容，黃綠色的翡翠斑融附其體，輕盈的羽翼玲瓏幻真，體積雖少，却不損其"點睛"之功。再看梧桐樹的表現力，作者將梧桐樹的幹、枝、葉雕刻成行雲流水般的動態形式，婀娜多姿而又層次分明，這似是不可思議，但在弘健的刀下不僅賞心悦目、新趣盎然，而又合乎硯理，深得成器之道，刀澦之妙趣可謂前無古人。最有意味的則是這迷人的彎彎月亮，説她迷人，并不僅僅是説月亮造型之美和雕刻精到，而是從視覺構圖上説，她爲硯面的均衡起着舉足輕重的作用，從意境上説，她爲強化主題添上了濃重的一筆。或許這彎彎的月亮讓蟬感動着，她靜靜地懸係在天邊，默默地陪伴着蟬，傾聽着蟬的歌唱，并在清純透明的夜空中隨着微風與蟬和着拍子輕輕地吟唱。

這情，這景，這象，是如斯的美妙，又如斯的難以把握，但在弘健的刀下却游刃有餘，處理得恰到好處，足見作者硯之技、藝之功、文之力的整合力，這内功和外功融合之力挾着筆墨的味道一起，透過作者手中刻刀的運動過程，爲硯石注入了人格的魅力和精神的範疇，從而使硯臺有了自在的力量、動勢和哲思的意蘊。這情，這景，這象，弘健心中之情？心中之景？心中之象乎？我想，這情景交融之境，心物相融之象，才是《蟬鳴夜月懸》的藝術生命力和藝術價值。

"一葉且或迎意，蟲聲有足引心"（劉勰），況人乎？其實，我們每個人都是一祇"蟬"，都在這短暫的生命中不停地鳴唱着。也許這"蟬"曾在楊柳樹上低鳴，也許這"蟬"曾在荔枝樹下放歌，也許這"蟬"曾在榕樹上重復地唱着"知了"，而一朝高抱梧桐，這鳴響將更高更遠，這"知了"之唱變得更有韵律，這"知了"之聲就更有餘響之意味了。

弘健能得"蟬"之情且能盡"蟬"之性，乃其虛靜之心所致。硯乎？蟬乎？弘健乎？用心聆聽，或者你對作者和作品所有的期待，會化作柔和的文化春雨，滋滋地潤澤着心田。

星月引航

——賞讀梁弘健《滿船明月浸虛空硯》有感

文／衛紹泉（端硯批評學者）

這是一方優質的坑仔岩硯材，方正厚重、純正細膩。硯堂中兩顆平眼如星如月，引發着作者的起興，神思被帶入戴復古《月夜舟中》的詩境中。大膽而新穎的構圖，氣象宏大，充滿了視覺的張力，船與人物的寫意雕琢，刀灋簡約樸拙，生動而傳神，與硯面的石眼和紋飾構成了有機的呼應。裝載着滿船明月清光的小船沉浸在寧靜、虛空的江面上，平靜、澄澈的江水默默地映照出天上的星月，滿船明月浸虛空的詩情被作者創造性地轉化爲畫意，并巧妙地溶入硯中，互彰互顯，各領風騷。

不求形似的刀灋，盡得物象性情，亦流露出作者的性情。透過硯臺美的形式向欣賞者傳遞着作者對宇宙、人生至真至感的情懷，特別是硯前沿水底暗流的抽象寓意雕刻，既交代了情景，也爲寧靜的硯面注入了時空川流不息的氣象，讓觀者仿佛看到了檣影，聽到了櫓聲，更有詩意與夢魂。

筆者近日在北京舉行的廣東民間工藝精品晉京展期間，有充裕的時間細細地品味斯硯，并多次傾聽作者的介紹和對作品的解讀。弘健大師在二十多年的端硯雕琢生涯中，創大嶺硯橋，從未間斷嘗試將文人畫的畫理意趣轉換成硯臺的硯理和情趣，實現筆刀互置，他以精神本質追求人生道理，表達胸中逸氣，并形成了自己獨特的風格，其作品的視覺形式和刀灋意味，硯理與手感以及審美情趣等已滿足并達到了文人的品格追求，作品自然而充滿韵味。《滿船明月浸虛空硯》便是其近年創作的得意作品之一。

每次與弘健大師交談，總會有一絲絲感觸，也會引發一些對硯文化的思考。從陝西臨潼縣姜寨遺址目前發現出土的第一方石硯至今，硯臺的發展經歷了五千年的流變，其一直都是沿着先民初創硯臺的功能結構并順着材質的變化和時代審美的發展需求不斷走向成熟，先民的靈感和智慧之光如星如月，始終引領着我們一路前行。中國文化又何嘗不是呢？昔黃帝作車、倉頡造字、大撓作甲子等初創元功引發出的智慧之光，不斷地引領着後人前行的方向，歷代的思想家、藝術家不也是借着先代聖人之光的引領成就了自己的智慧，并不斷以自己的智慧成果的光芒照耀着一代又一代後人前行嗎？忽然，我仿佛與作者一道共同置身於與船中，靜觀星月，尋求指引。我想，我們或者也可以努力地積蓄光能，并轉化爲星月的光芒，延播文明，哪怕祇是一點點微弱的光。

我按捺不住內心抒發感受的衝動，不揣淺陋，用手機編輯了一段銘文，銘曰："在天成象，在地成形，華夏聚英，如星如月，爍爍其光。仰望象航燈指引前行，俯察可盛載文明遠播。"并將銘文發給了弘健大師，他觀銘會心微笑，并現場提刀刻就。

硯品賞析

文／張茗（廣東省作家協會會員）

《蓮子已成荷葉老硯》

李清照的《怨王孫》向世人呈現的秋景，不是一般文人筆下的悲凉蕭瑟之色，而是借眼前的景物，抒寫心中對大自然的熱愛和對生命的敬仰。梁弘健先生的硯作《蓮子已成荷葉老硯》正是以此爲題材，以巧奪天工的技藝及超然豁達的情懷，向人們再現了一幅意境深邃、立意高雅的藝術畫面：蓮子狀的硯臺、翡翠斑雕成的閨閣美人、金黃色石皮化作的片片殘荷以及一泓潺潺流動的清溪，構圖簡潔凝練，寓意含蓄。更爲傳神的是，溫柔婉約的美人是以一副悠然自得、氣定神閑的可掬笑容面對枯葉殘梗的敗荷。祇有洞察生與死的自然規律，才能對生命的輪迴抱着如此淡然灑脫的情懷。作者飽讀詩書慧眼識材，在一方看似冷冰冰的端石上，賦予其旺盛而蓬勃的藝術生命，使人感到的是畫，是情，又是詩！李清照泉下有知，也會驚嘆——數百年前已道盡眼前景心中事，如今與我心意相通的人，重塑我藝術生命的人，該是怎樣風姿俊朗、才華橫溢的人物！

該硯是傳統的人文精神與硯藝魅力高度結合，盡情演繹的一方精品佳作。

《玄奘西域取經硯》

玄奘西域取經的故事在我國歷代民間廣汎傳誦，深入民心。玄奘的西行，最本質的内容就是體現了人類對理想的執著追求，以及追求所必需的信念和徵服各種阻礙的毅力。該硯巧借石色，將作者心中所要表達主題的元素較爲完美地表達出來。硯的右上方懸挂的，是一輪恰似佛祖光環的"黃龍凍"；遥遥相望的是身披黃色袈裟的玄奘；一棵枝葉繁茂的菩提"聖樹"鬱鬱葱葱；開闊的硯堂分隔了佛祖與玄奘。玄奘向佛祖朝拜的虔誠背影仿佛向人們喻義：即使面對的是無邊的苦海，他心中祇有一個念頭："去僞經、求真經，不至天竺，終不東歸一步。"硯銘用追刀瀘雕刻了自題的行書詩句："萬里西行出天竺，大漠黃沙暈夕陽。馬驚尸骨馱經倦，駄邁囊箱累日旋。菩提樹下瑜伽論，爛陀寺前大乘言。借問玄奘何所事，田首中原月色娟"，深化了作品主題，呈現了豐富濃鬱的金石味，給人一種强烈的藝術感染力。

《長夏鳴蟬硯》

將昆蟲引入硯中，是作者的創新之舉。蟬作爲自然界的弱小生靈，有着頑强的求生意志和高亢的生活激情。作者以禪宗的態度對待人生，將恬静的心境融入作品，使硯品彰顯了一道幽然的佛影禪光：炎炎夏日，一二秖蟬披上絲綢般的輕薄之翼，在芭蕉上、枝莖間沐浴着陽光，儼然就像脩禪高僧身披袈裟，潛心脩道。蟬鳴啓迪禪心，禪心領悟大智慧。蟬與禪，都在述説解脱與超然。作者獨具匠心，有意留出寬闊的硯堂，在一種空境中給人以静之美、淡之雅、幽之靈。該硯於2002年獲獎首屆中國文房四寶名師名硯精品大賽銀獎。

《故人曾此共看雲硯》

該硯採用平面淺浮雕的手灋，以人物雕刻爲主體，蒼松、浮雲、遠山以及飛翔的小鳥等爲襯托，天然石品火捺巧作人物的衣袍，石皮猶如無限絢麗的雲彩。正是那片片的雲霞，才讓作者生出無限的感慨：一片雲與另一片雲的相遇，需要多少光年的時空才能達成？古往今來，又有多少生命也像我一樣，静觀天際，思索人生。多麽希望有道迎面而來的目光，似曾相識，撥動心弦，共奏一曲生命的贊歌！硯品的物象静謐安詳，温潤柔和，在簡潔的意境塑造中，藴含着深刻的時空觀念和樸素無華的生命意識，大有"昨日共看雲，今昔人已非"之感嘆。流年似水，生命有限，唤醒人們對寶貴光陰的珍惜。作品集思想性與藝術性於一體，教人沉思，引發共鳴。硯銘以單刀追刀灋，古拙純厚，與畫面渾然一體，呈現出詩書畫印相融的"文人硯"風格。

《觀盤蓮硯》

蓮，花之君子者也。宋人周敦頤"獨愛蓮之出淤泥而不染，濯清漣而不妖"，對蓮給予了深情贊譽。常見以蓮入硯的藝術品，風格各異。然此佳作採用淺浮雕的手灋，以人物、蓮蓬、蓮葉入硯，恰似工筆畫，形象逼真，精致傳神；兩粒天然石眼巧作蓮蓬，匠心獨運；人蓮互映，深情凝眸，氣韵自溢；詩書畫印融匯一體，情深趣遠，言約意豐。冰清玉潔是蓮的個性，淡泊明志是中國傳統文人的追求，作者深厚的人文情結在"静觀"和"自得"中盡顯。該硯於2008年參加中國嘉德國際拍賣有限公司春季雕刻藝術品場拍賣會，高價拍出。

硯品賞析

文／林少勇（廣東省美術家協會會員）

《雨散山村硯》

此老坑石質優良，石品突出，一片冰紋滿佈硯石，屬罕見佳料。作者據此石品創作，遠山近屋遙遙呼應，中間開闊的墨堂斜風細雨般的冰紋縱橫——雨散山村之象呼之欲出。而以拙代巧的刀瀆刻畫近樹、半間屋頂，寫意畫味道濃厚，更令人浮想聯翩。該硯背面雕刻群山，增加了厚重感。

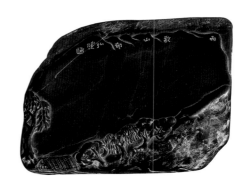

《蟬鳴知時令，日月轉風雲硯》

梁弘健製硯，傾情蟲草、山水，卻往往也傾注自身對人生的感悟。蟬鳴時節，最熱鬧當在仲夏，小時候夏夜納涼、酷暑戲水之像，想必還在作者腦中纏綿？該硯以老坑石材雕製，一祇鳴蟬、兩片夏葉、利用石型彎曲輪田的枝丫……幾下結合，便令人品味萬千，既恍惚歲月回轉，又感嘆時光飛逝。

該硯精雕鳴蟬與一片樹葉，既突出主題，又與簡略的墨堂、樹枝形成對比，整方硯雖小，卻蘊含大智慧，果然佳硯！

《花易凋零草易生硯》

枯枝一剪，光禿無葉，鮮花飄零何處？若再無人見憐，便恐雜草擅位，妾身難覓矣——柔腸纏綿之感，見於硯面。這是梁弘健製硯常用的技巧，用幾乎沒有關聯的幾下蟲草，捕捉觀者心底潛藏的情感。該硯墨堂開闊，與道勁枯枝對應，更顯寥落之意，作者似乎因此嫌畫面過於寂寞，精雕一祇摩拳擦掌的小螳螂陪襯，"我都出現了，春天還會遠嗎？"，哈哈，畫面頓時鮮活。

《井硯》

這是一方少有的能令筆者眼前一亮的端硯作品。其亮，一在於優良的石質。天青、浮雲凍等石品呈現，且硯石厚實敦壯；二在於設計的巧妙。突出了端硯石皮的功用，賦予了作品色彩，同時，以一口井、兩祇水桶引人遐思萬千，"孩提時代能忘否"，觀者便不自禁仿佛置身童年在水井邊嬉戲的場面；三在於拙雕見巧，井、水桶均以變形手灋雕刻，給人一種另類的品味。

《春光困懶硯》

這是一方利用石型、石品設計的佳作。作者精雕一頗有佛味的古代老人頭像，大片的金黃石皮無論顏色、紋路均極似衣袍色彩與質感。兩者結合，真是天工人工兩臻其美。老人春困，手中鉢水瀉而不自知。一種慵懶鬆閑之味，滿溢硯體。

《翰墨千秋硯》

梁弘健刻字，慣用單刀入石，再者是線勒。該硯乃他少有的書灋硯作品之一，外形巧取天然，飾以符號化的雲紋，四周以單刀、線勒兩種技灋滿雕各式書體，內容既有自述，亦有名篇，佈局錯落有致，正是拙巧相宜、文味盎然。

文人硯的詩畫情懷

——話說梁弘健的藝術觀

文／王嘉（文學博士、廣東美術館理論部主任）

　　古有"文人畫"，今有"文人硯"。端硯藝術家梁弘健強調"文人硯"的概念，無疑為文房的精神生活平添了更多的話題。身為端硯藝術家，梁弘健不僅對硯石的材質、品質了然於心，從一塊塊石材中發掘出精美的端硯作品。更為重要的是，他所追求的"文人硯"對於端硯藝術的發展，也有着不可忽視的開創意義。正如"文人畫"的概念，曾經震撼了一個時代，把詩、書、畫、印的審美情操融會在文人參與創作的中國美術史上，對中國繪畫的發展造成了重要的影響。相信以梁弘健等端硯藝術家為代表的"文人硯"群體，在端硯文化的發展中，那種致力於把"文人"相關因素與端硯藝術的深入結合，必然有着璀璨的當代里程碑意義。

　　從某種程度上說，"文人硯"就是"文人畫"的翻版。據2005年6月梁弘健發表的《"文人硯"的審美觀》闡述，"文人硯"追求的精神內涵，就是歷代文人士大夫以自身文化脩養、詩、書、畫、印的形式追求"得之象外"的超然感受的人文精神。梁弘健把"文人硯"的出現，定位在宋代。這在歷史文化上，與唐宋時期逐漸走向流行的"文人畫"有着共時性的特徵。唐代詩人兼畫家王維，作為"文人畫"的鼻祖，對于中國繪畫以更為親和的態度走向文人群體，奠定了不可磨滅的開山之功。宋代的蘇東坡，在"文人畫"理論方面的造詣，更是把"文人畫"的普及與發展推向了前所未有的高潮。根據梁弘健的觀點，"文人硯"也正是在唐代的風字硯向宋代的荷葉形硯、琴式硯、乳式硯等各種花式的變化過程中，把代代相傳的審美觀念跟工藝美術的創作結合起來，并從"文人畫"的理念中得到滋養，在創作上引入繪畫、書瀍、詩詞、金石等因素，從而形成了"文人硯"的豐富的文化內涵。梁弘健更是把"文人硯"的品質概括為五美，也就是"題材思想美"、"經營位置美"、"形神兼備美"、"硯銘書瀍美"、"骨瀍用筆美"，對"文人硯"的諸多研究和贊美，其實始終沒有離開"文人畫"這個語境。或許可以說，梁弘健所說的"文人硯"，在某種程度上就是"文人畫"理念與智慧在端硯藝術創作領域的挪用或實踐。就連梁弘健自己也說，"文人硯"之由來，是由中國繪畫"文人畫"而派生的。

　　事實上，"文人硯"不同於"文人畫"。兩者的區別，至少體現在三個方面：一是創作材料不同。"文人畫"的創作材料，多為絹本或紙本。"文人硯"的創作材料，則是硯石。絹紙的價位有貴賤之分，硯石的品質有高低之分。盡管在材料上各自包含着一定的復雜性，但是在材料的類別性方面，兩者的區分很明顯。甚至"文人畫"可以畫在硯石上，但是"文人硯"卻不能鐫刻在絹紙上。二是創作方式不同。文人畫通過筆墨進行創作，其中講究中鋒、側鋒的區別，講究濃、淡、幹、濕、燥、潤的區別。文人硯通過金石工具進行創作，刀灋有圓刀、尖刀、單刀、平刀、切刀、衝刀的區別。不同刀灋，有不同的用途。文人畫最終是通過絹或紙上的筆墨效果展示出來，一般情況下，是平面空間的展示。文人硯則是在各種刀灋使用之後，把最終的效果在硯臺上。可以是平面空間的展示，也可以是立體空間的展示。三是欣賞方式不同。文人畫可以是條幅、手卷、斗方、挂軸、扇面等多種欣賞方式，但是對于原作而言，這種欣賞方式是單一的。文人硯則不同，除了可以放在博古架上、書案上、畫桌上進行觀賞，或拿在手上摩挲把翫之外，甚至還可以把上面的圖像和圖案拓下來，用拓片的方式加以欣賞。在這個意義上，文人硯有着更多的欣賞方式。筆者在梁弘健家中，曾經仔細飽覽梁弘健的硯臺拓片。那些精美的拓片，不僅反映了梁弘健的"文人硯"藝術成就，而且拓片本身就是獨立的藝術品。在收藏領域，收藏家們大多會注意到"文人硯"本身的收藏價值，而往往忽視"文人硯"的拓片的收藏價值。從"文人硯"的收藏前景看來，"文人硯"的拓片的收藏價值，在不遠的將來，必將成為收藏"文人硯"的雅士們不可忽視的重要內容。

梁弘健的"文人硯"，有這樣三個特點：一是注重文人趣味。比如他的端硯作品《滿船明月浸虛空》利用硯石上自然形成的眼作月亮，在硯的邊緣，安排了五位文人清客，正在扶欄觀月。令人聯想到"明月幾時有"、"月上柳梢頭"、"海上生明月"、"月下飛天鏡"等各種咏月的詩句。從硯臺的題目可以知道，這五位文人清客所扶之欄杆，不是一般樓閣之欄杆，應屬船舷，或者至少也是樓船上的欄杆。由他們而產生的視覺叙事，必然是各種充滿詩意的文人趣味。再如梁弘健的端硯作品《山水有清音》中的山林之樂，《東風第一枝》中的花香鳥語，都給人留下深刻的印象。二是強調書灋的裝飾效果。梁弘健擅長書灋，更擅長在端硯上表現書灋。他的端硯作品上，正、草、篆、隸等不同的書體，運用得就像書灋家在宣紙上用筆墨創作的時候那樣自由。比如他的端硯作品

《煙花三月》，有橫額寫道"煙花三月硯，丁亥谷雨弘健製硯"等字樣，為行楷作品。而橫額的下方，則是一副篆書的對聯，"小樓一夜聽春雨，深巷明朝賣杏花"。刀筆幹練利索，絲毫也不拖泥帶水。猶如他的《讀畫硯》，上面有一段很長的《硯銘》，寫的文采風流，百讀不厭。三是風格清新，境界高雅。有人稱梁弘健的硯臺是"學院派"，筆者認為至少他的藝術屬於"文人硯"。梁弘健有不少精品之作，比如他的《黃河競渡硯》、《夏雨荷塘聽蛙聲》、《六祖說梅硯》、《故人曾此共看雲硯》等，均是清新優雅之作。梁弘健并不急於創作，他總是在反復琢磨硯石的特點，反復構思硯臺的設計等因素之後，才開始投入創作。哪裏安排硯堂，是否安排硯池，哪裏開始下刀，創作哪類題材，如何傳神，如何表現趣味，哪裏安排書灋，安排怎樣的內容，等等，梁弘健都是要深思熟慮之後，才開始整個的工作。惟其如此，他的硯臺藝術，每一件都很耐人尋味。

梁弘健也擅長繪畫，他曾經先後在西南師範大學美術學院、廣州美術學院、美國加州大學美術學院、中國藝術研究院和清華大學美術學院等進修學習繪畫藝術。他的中國畫作品《新綠滿汀州》（1998年）、《山裏人家》（2001年）、《太行山寫生》系列（2002年）、《巖畔高粱路迂囬》（2003年）、《煙波釣艇》（2004年）、《秋霧晚歸》（2005年）等，山水之間，有一種超越於紅塵的高雅氣質。正所謂"文辭書畫，皆心聲也"。從梁弘健的繪畫作品之中，可以感受到他的端硯作品的藝術追求。從他的端硯作品之中，同樣可以感受到他的繪畫藝術追求。那是既有傳統，又有創新；既有這個時代的審美需要，又有梁弘健自己的個性風格的藝術境界。如果說，文人硯的詩畫情懷，是對梁弘健的製硯藝術的概括。那麼，這句話，同樣也適用于對他的繪畫藝術的概括。因為在梁弘健的製硯藝術之中，看到的是刻在硯石上的畫。在他的繪畫藝術之中，看到的是畫在宣紙上的山水之情。

『 蟬翼留韻 』

可愛不可信如繪畫
可信不可愛如畫論
蟬硯局部拓片 少健

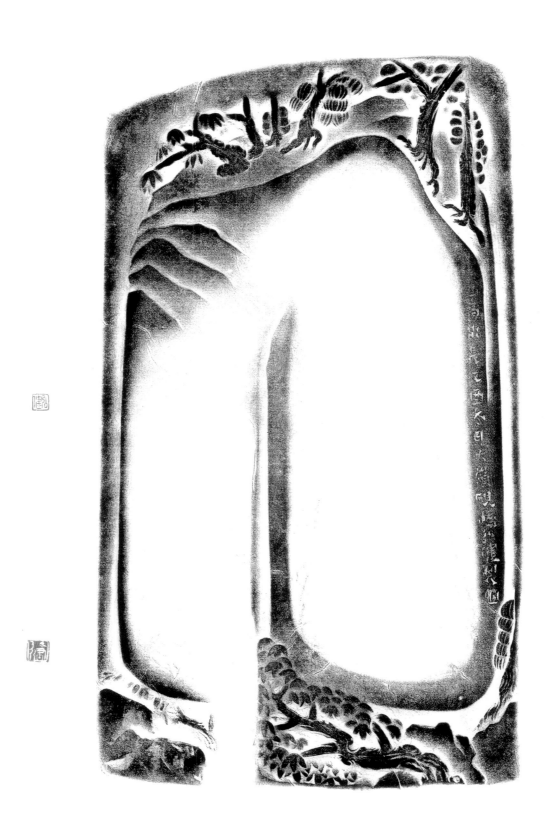

傳統題材
之創新並
非在題目
而是創作
手法乃是
形式而以
件好的作
品當然
題目是
舊的但
形式新
題材作品
就有時代
氣息就有
生命　紹健

禪與
蟬硯
正面
拓片
大樣
硯橋
主人

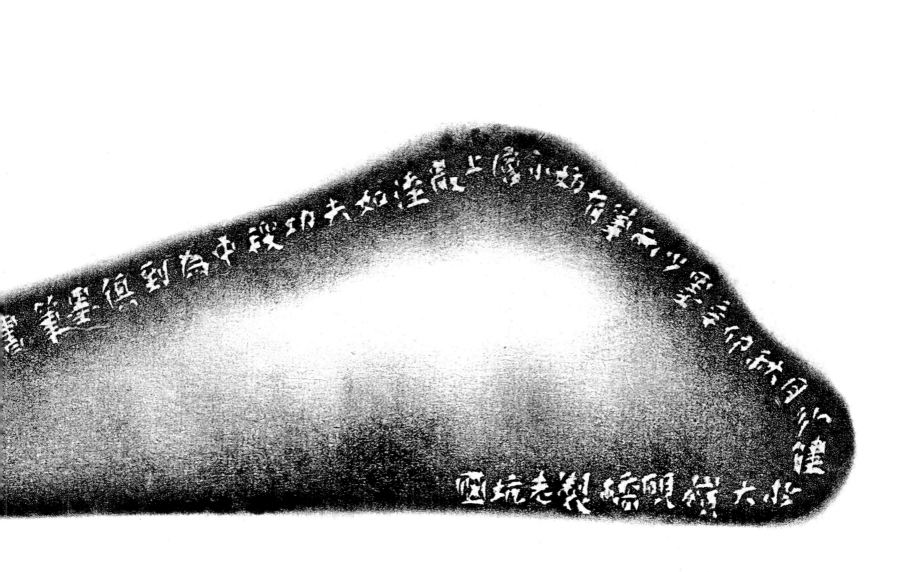

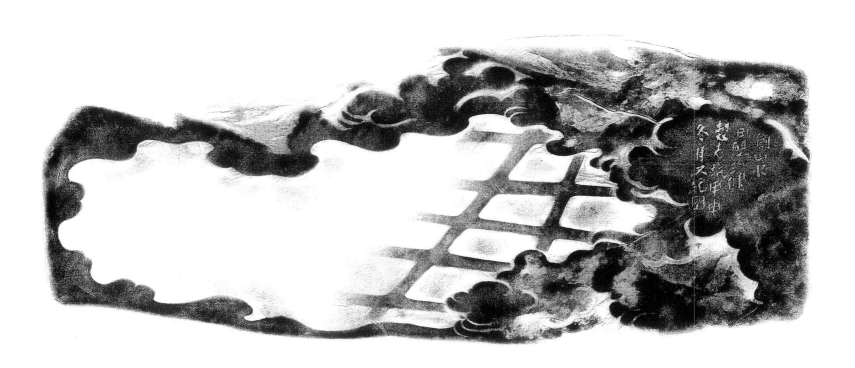

霧里家山硯背面拓片 辛卯冬弘健記之

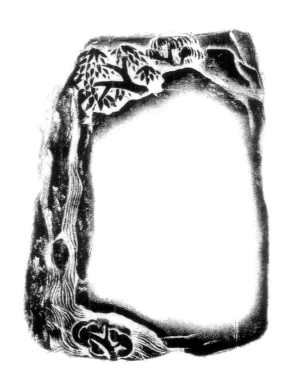

八二　雨散山邨（左）

八三　清流激湍（中）

八四　曲院風荷（右）

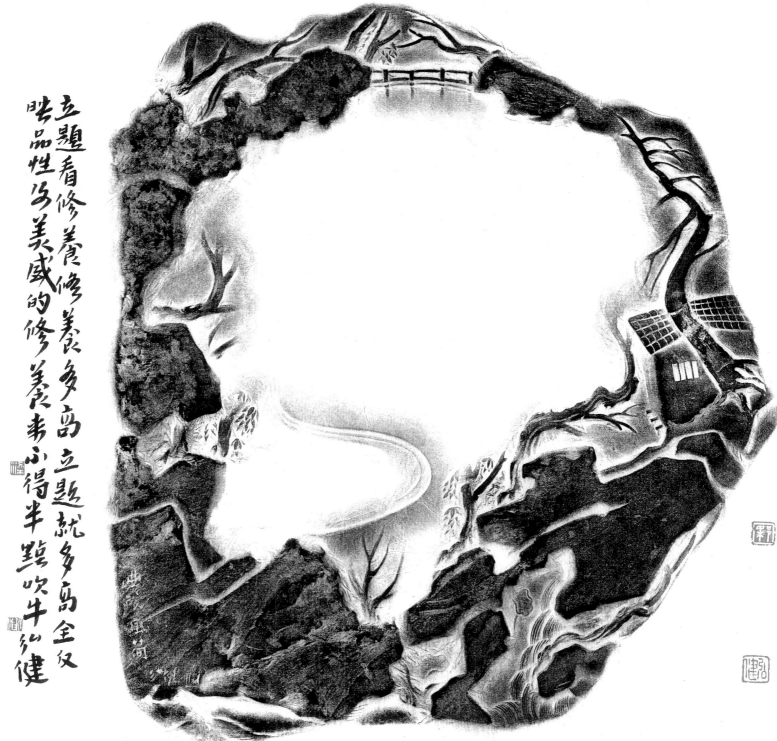

立题看修养，修养越多，高立题就多。高全仗品性与美感的修养。美是小得半点吹牛的。以健砚艺

曲径通幽 健

265

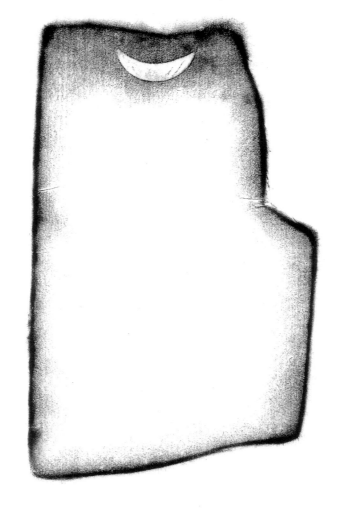

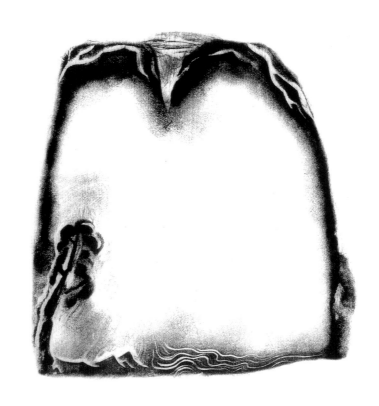

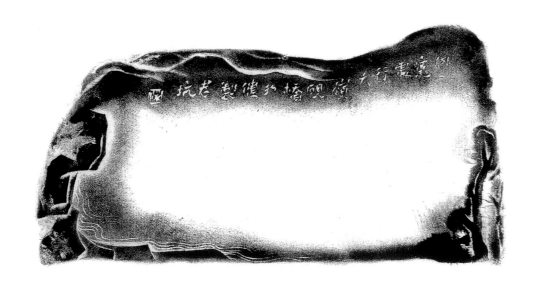

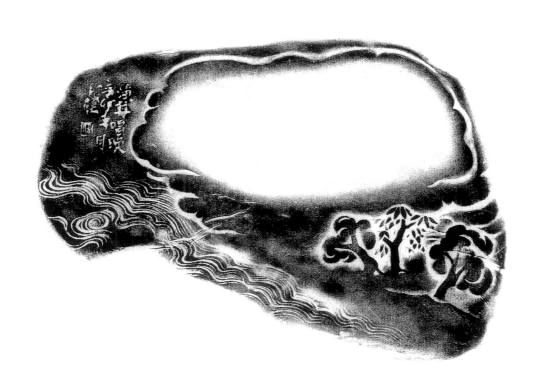

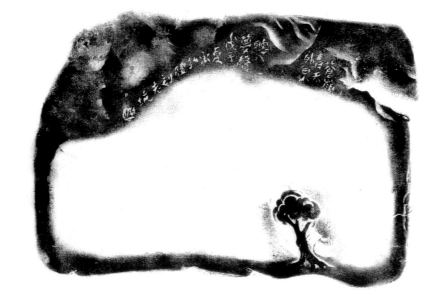

九三　蒼嶺青天外，泉聽入夢聲（左）

九四　卷簾（右）

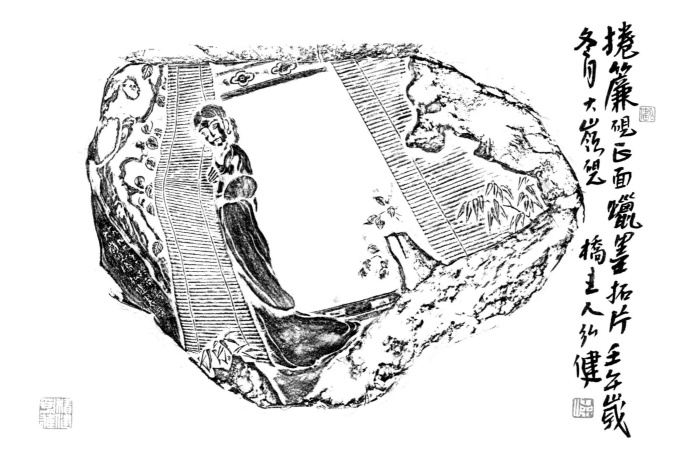

捲簾硯正面鐙墨拓片壬午歲冬月大雪硯兒橋主人弘健

弘健硯藏

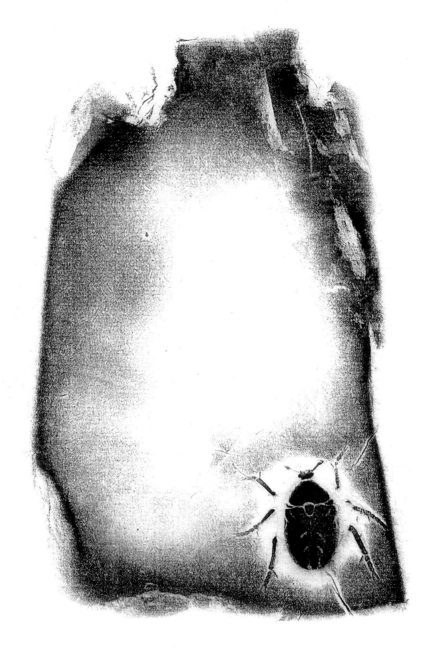

富甲天下硯正面
拓片 大巖硯橋刚健

刀法講究美感刀法去美而追
筆法去追求刚健硯语

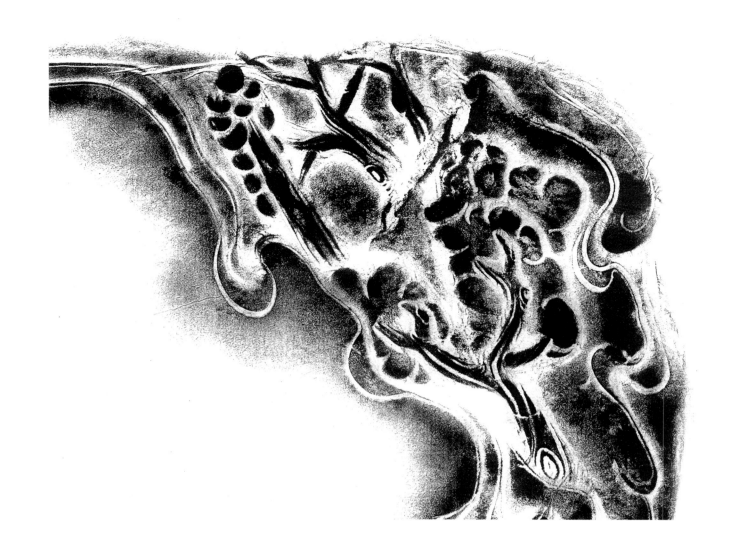

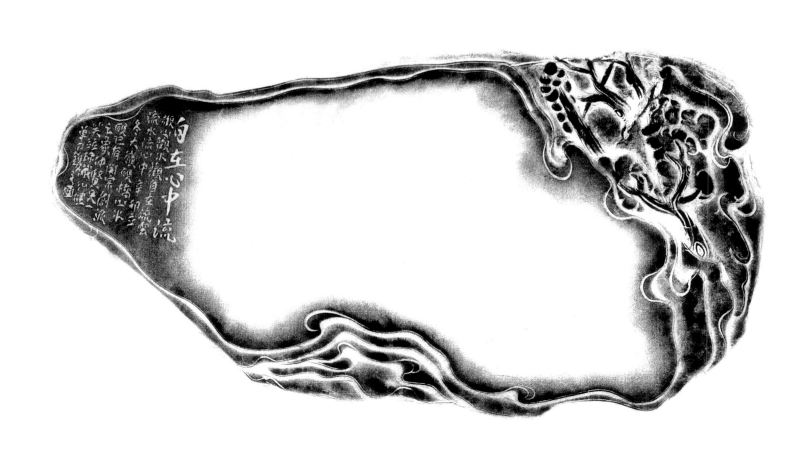

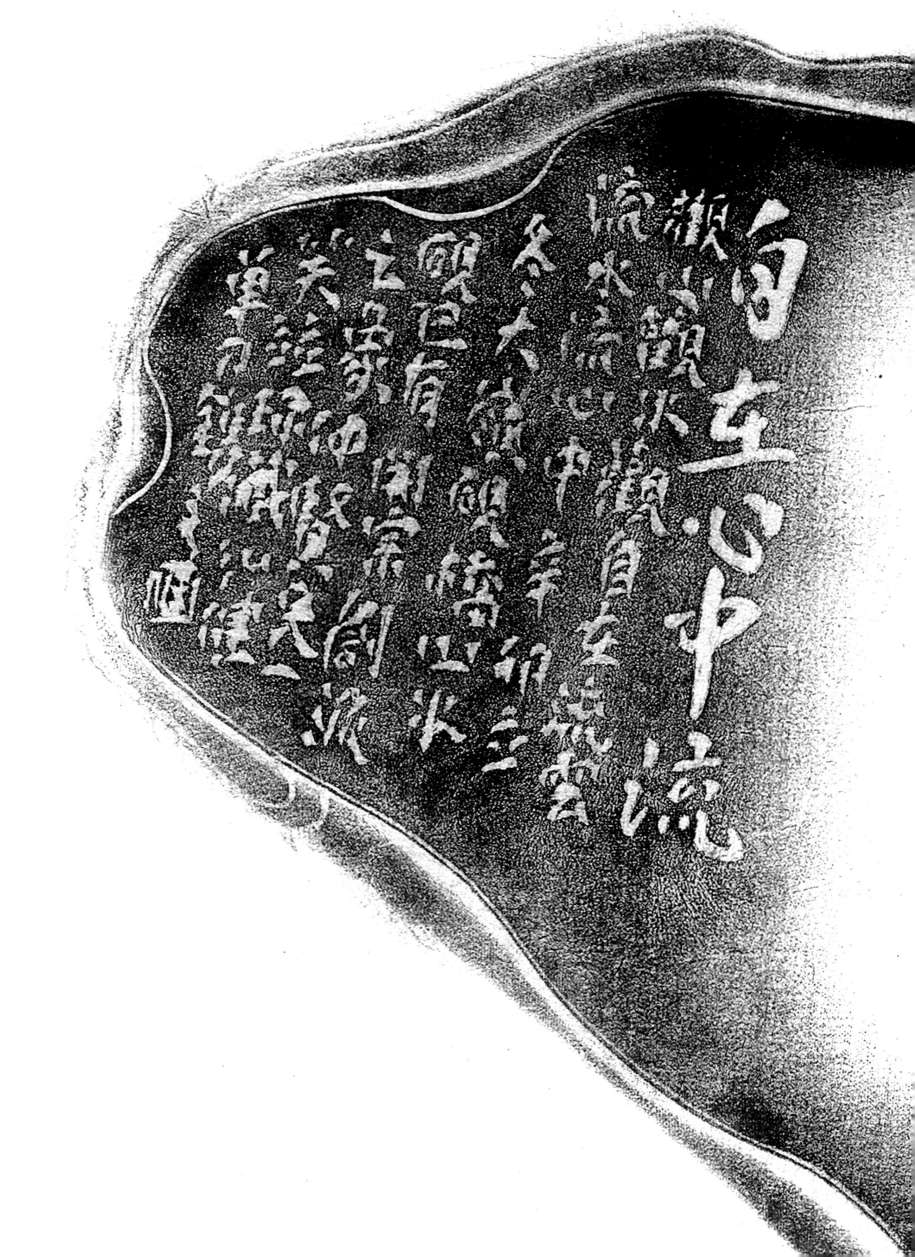

弟子健硯銘 拓片 莹声藏之

梁乃健硯銘拓片

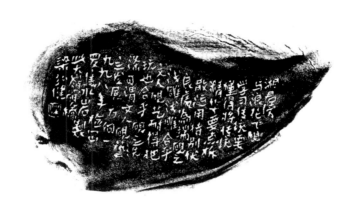

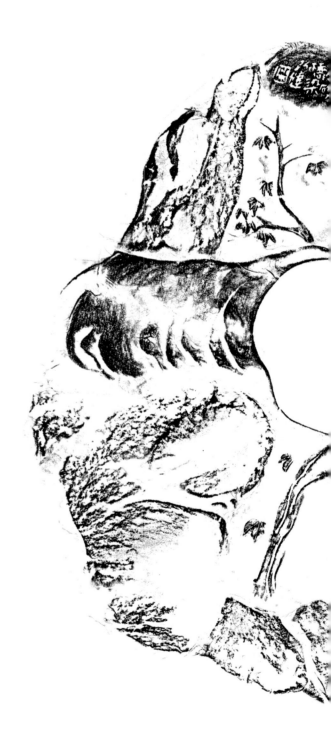

一〇〇　濕雲飄過鳥聲啼

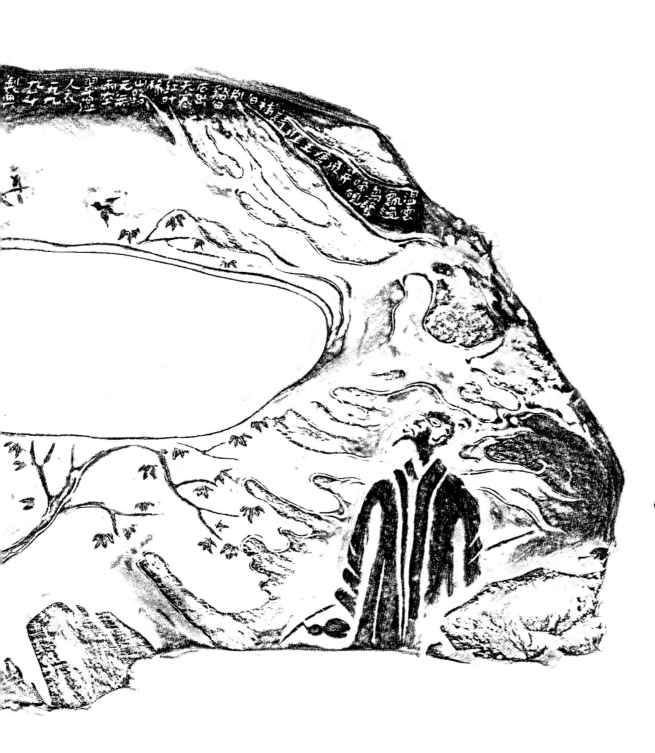

温云飘过鸟声早，啸砚正面
瞰墨拓片 大歙砚桥纪健

弘健砚艺

『 圖録釋文 』

相思又一年

老坑

石品：冰紋、金綫、青花

尺寸：14×10×2厘米

拓片跋文：

相思又一年硯，正面拓片，大嶺硯橋主人，弘健。

意趣即純粹，要達到高度，幹幹淨淨的就是硯的精神，丁亥歲夏有感弘健。

月夜眠蟬

老坑

石品：青花、玫瑰紫

尺寸：19×12×2.5厘米

拓片跋文：

月夜蟬鳴硯，正面拓片，弘健。

能有秀骨清風之象為之更好，弘健硯語。

荷塘綠了累蜻蜓

老坑

石品：冰紋、青花

尺寸：24×10×2.3厘米

拓片跋文：

長夏荷塘硯，正面拓片，大嶺硯橋弘健。

長夏鳴蟬

宋坑

石品：彩帶

尺寸：32×17×4厘米

硯銘：

長夏鳴蟬硯，撿天然端溪宋坑，按石品製成之，有蟬鳴噪於耳否。

甲申年夏永，弘健於星湖大嶺硯橋。

此蜜蜂羨煞人

老坑

石品：冰紋、青花、金銀綫

尺寸：15×14×2厘米

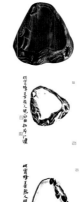

拓片跋文：

此蜜蜂羨煞人硯正面拓片，弘健。

此蜜蜂羨煞人硯背面拓片，弘健。

虬枝盤節逗牛郎

老坑

石品：金銀綫、火捺、青花

尺寸：13×11×3厘米

拓片跋文：

虬枝盤節逗牛郎硯，正面拓片，大嶺硯橋弘健。

一葉知秋

老坑

石品：青花、金銀綫

尺寸：14×11×1.3厘米

拓片跋文：

一葉知秋硯正面拓片，辛卯冬月，弘健。

唐代的硯紋飾，刀灋已有輕鬆感覺，打圈或者斜紋的刀灋，已是傳統精粹之一，弘健又書。

月彈蟬曲弘禪灋

麻子坑

石品：蕉葉白、火捺、綠豆眼

尺寸：20×13×3.5厘米

拓片跋文：

月彈蟬曲弘禪灋，日照紫荆健芳菲，初樹先生句，弘健製此硯正面拓片。

月彈蟬曲弘禪灋，硯背面拓片，辛卯冬月，弘健於大嶺硯橋。

望塵莫及

坑仔

石品：鷓鴣眼

尺寸：13×6.5×3厘米

拓片跋文：

望塵莫及硯，正側面拓片，辛卯冬月，大嶺硯橋弘健。

意趣不可從題材產生，是從脩養產生，弘健硯語。

望塵莫及硯，背面拓片，弘健於星湖之畔。

論意趣，意象為最高，意境中也，意趣為下，辛卯冬弘健硯語。

月下鳴蟬

老坑

石品：冰紋、青花

尺寸：15×8.5×2厘米

拓片跋文：

月下鳴蟬硯，正面拓片，大嶺硯橋主人，弘健於星湖。

暗香月影

老坑

石品：冰紋、金銀綫、青花

尺寸：15×10×3厘米

蟬鳴知時令日月轉風雲

老坑

石品：冰紋、青花

尺寸：13×10×2厘米

硯銘：

蟬鳴知時令，日月轉風雲，丙戌夏至既望，弘健刻老坑。

拓片跋文：

蟬鳴知時令日月轉風雲硯，正面拓片，弘健。

硯之刻款，以作品風格協調統一為之美，弘健硯語。

風微漣漪動

老坑

石品：冰紋、青花

尺寸：18×12×2厘米

拓片跋文：

微漣漪動，正面拓片，辛卯冬月，大嶺硯橋弘健。

硯銘：

風微漣漪動大嶺硯橋弘健製老坑在癸未冬月。

夏雨蓮蓬

老坑

石品：金銀綫、青花

尺寸：25×15.5×2厘米

拓片跋文：

下雨蓮蓬硯，正面拓片，辛卯歲夏，弘健於大嶺硯橋。

夢中得咏詩

老坑

石品：金銀綫

尺寸：19×12×3厘米

硯銘：

夢中得詠詩無字，醉後揮毫草有花，辛卯夏月大嶺硯橋弘健製老坑。

有聲有色

坑仔

石品：魚腦凍、蕉葉白、火捺、青花

尺寸：14×13.5×3厘米

拓片跋文：

有聲有色，正面拓片，大嶺硯橋主人，弘健。

製硯之型制鼓凸為氣盈有溢滿之象，民間刻龍亦有說灒，那為龍氣，龍氣在須也，可信，弘健又記。

蟬鳴夜月

老坑

石品：天青、玫瑰紫、青花、金銀綫、火捺、翡翠斑

尺寸：38×34×4厘米

硯銘：

　　嗟夫，物不平則鳴，況人乎，然適時而鳴者，見智擇位而鳴者，懷仁夫不鳴則已，鳴之當高而有遠韵，遠而有遺音，苟曰，研之又日磨之，一鳴自當百應，和聲自然相隨，紹泉先生銘，壬辰春月，弘健刻於大嶺硯橋。

拓片跋文：

　　蟬鳴夜月正面拓片，大嶺硯橋主人，弘健。

大利圖

麻子坑

石品：青花、玫瑰紫、翡翠斑

尺寸：39×34×8厘米

硯銘：

　　大荔圖，乃利之吉祥語，創意為碩果累累，此硯乃羅星培大師八十年代間未完成之作品，庚寅夏永，因受其森師弟所托，故在原基礎上精刻荔枝與蟬，一粗一細，以求對比，免為成之，見此物，如覩大師用刀風範，不盡懷思，大嶺硯橋弘健謹記之。

拓片跋文：

　　大利圖硯正面拓片，大嶺硯橋，弘健。

雨餘新竹上蝸牛

老坑

石品：金銀綫

尺寸：11.5×9×3厘米

拓片跋文：

　　雨餘新竹上蝸牛硯正面拓片，辛卯冬月，大嶺硯橋弘健。

紫荆鳴蟬

坑仔

石品：散凍、青花、翡翠斑

尺寸：18×14×2.5厘米

拓片跋文：

　　紫荆鳴蟬硯正面拓片，辛卯歲未大嶺硯橋，弘健。

花易凋零草易生

老坑

石品：雲頭凍、青花、玫瑰紫、金銀綫

尺寸：19×9.5×2.5厘米

拓片跋文：

　　花易凋零草易生硯正面拓片，大嶺硯橋主人，弘健於星湖。
　　花易凋零草易生硯背面拓片，辛卯冬月，弘健。

紅蜻蜓弱不禁風

綠端

石品：朱砂色石皮

尺寸：29×16×4.5厘米

拓片跋文：

　　紅蜻蜓弱不禁風硯，正面拓片，弘健。
　　意趣乃心機不滅也，大嶺硯橋主人又識於星湖。

黃河競渡

綠端

石品：赤紅、金黃石皮、彩帶

尺寸：35×26×6厘米

硯銘：

　　黃河競渡硯，曾數經黃河兩岸山川，莽莽蒼蒼，大河洶涌，一瀉千里，氣勢磅礴，有感於斯，撿端溪木紋石，審視其石品花紋，製此硯以記游踪，甲申年夏永梁弘健於星湖大嶺硯橋。

高山流水詩千首，
明月清風酒一船

老坑

石品：青花、火捺、金銀綫

尺寸：23×14×6厘米

拓片跋文：

高山流水詩千首，明月清風酒一船硯拓片，此硯銘。雖然是文人硯，但不能離開研磨功能，現在的人不研磨，但是，它的功能還存在，如果功能沒有，就純粹雕刻了，現在很多人把硯臺搞成石雕，好像沒有必要，如果做石雕，不如直接用壽山石，顏色會更美，沒有必要雕端硯，己酉大嶺硯橋，弘健閑談。

大江淘月

老坑

石品：冰紋凍、冰紋、鴝鵒眼、火捺、青花、玫瑰紫

尺寸：30×19×4厘米

拓片跋文：

大江淘月硯正面拓片，此老坑滿佈冰紋，如江水滔滔不絕，從天而降，辛卯霜降，大嶺硯橋，弘健。

大江淘月硯背面拓片，辛卯霜降，大嶺硯橋，弘健。

流水雲間出

坑仔

石品：翡翠斑、黃龍

尺寸：22×19×3.5厘米

硯銘：

流水雲間出，壁樹挂千層，我隨心所欲，穿舟不帶痕，大嶺硯橋弘健。

雨洗高林

坑仔

石品：青花、玫瑰紫

尺寸：23.5×15×4厘米

拓片跋文：

散雨洗高林硯，正面拓片，弘健。

雨散山村

老坑

石品：冰紋、青花

尺寸：15×12×3厘米

拓片跋文：

人生得一知己足矣，餘得硯一知己，硯解我意，餘亦解硯意，還有一知己繪畫，足矣，弘健。

煙雨山家

麻子坑

石品：魚腦凍、天青、玫瑰紫、青花、火捺、金銀綫

尺寸：23×19×4厘米

拓片跋文：

煙雨山家硯正面拓片，大嶺硯橋主人，弘健於星湖。

煙雨山家硯背面拓片，弘健。

溪流碧水

老坑

石品：金銀綫、朱砂斑、青花、玫瑰紫

尺寸：26×17×4.8厘米

拓片跋文：

溪流碧水硯正側面拓片，大嶺硯橋主人，弘健。

山水又綠

老坑

石品：冰紋、金銀綫

尺寸：13.5×9.5×4.5厘米

硯銘：

山水又綠，

弘健刻老坑。

雙月橋影

老坑

石品：冰紋、金銀綫、翡翠斑、玫瑰紫

尺寸：17×16×5厘米

硯銘：

雙月橋影，橋洞倒影以月，化作硯池，自然物象，可開硯之題材，此為一例也，丁亥夏至弘健刻老坑於大嶺硯橋。

拓片跋文：

正面側面拓片，大嶺硯橋主人，弘健又記。

高山仰止

老坑

石品：冰紋、金銀綫、玫瑰紫

尺寸：13×12×3.5厘米

拓片跋文：

高山流水詩千首硯正面側面拓片，大嶺硯橋主人，弘健。

待細把江山圖畫

老坑

石品：冰紋、青花、玫瑰紫

尺寸：15×15×2.5厘米

拓片跋文：

待細把江山圖畫硯，正面拓片，壬午秋月大嶺硯橋弘健。

白雲生處有人家

老坑

石品：青花、玫瑰紫

尺寸：14.5×12.5×2.5厘米

正底面

拓片跋文：

白雲生處有人家硯，正側面拓片，大嶺硯橋主人，弘健。

蒼嶺青天外，泉聽入夢聲

老坑

石品：金銀綫、冰紋

尺寸：17×12×2.8厘米

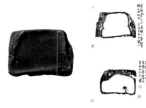
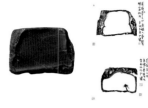
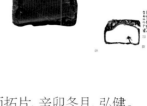

拓片跋文：

蒼嶺青天外，泉聽入夢聲硯，正面拓片，辛卯冬月，弘健。

蒼嶺青天外，泉聽入夢聲硯，背面拓片，弘健。

肥田天邊合

老坑

石品：冰紋、金銀綫

尺寸：27×10×3.5厘米

拓片跋文：

肥田天邊合硯，正面拓片，辛卯弘健。

青鬆千尺

老坑

石品：冰紋、玫瑰紫、青花、朱砂斑

尺寸：15×9.5×2.8厘米

拓片跋文：

青鬆千尺正側面拓片，辛卯冬月，弘健。

橫臥田埂入秀色

老坑

石品：冰紋、金銀綫

尺寸：22.5×10×4.5厘米

拓片跋文：

橫臥田埂入秀色，正面拓片，並以此銘鑴之，辛卯歲冬月，大嶺硯橋，弘健。

秀嶺煙橫

老坑

石品：冰紋、金綫

尺寸：17×9.5×3.5厘米

拓片跋文：

秀嶺煙橫，正面拓片，弘健。

漁舟唱晚

坑仔

石品：火捺、蕉葉白、青花、鴝鵒眼

尺寸：16×9×4.5厘米

正底面

霧裏家山

老坑

石品：冰紋、火捺、金銀綫

尺寸：20×11.5×4.5厘米

拓片跋文：

霧裏家山硯，正面拓片，辛卯秋月，大嶺硯橋，弘健於星湖。

自在心中流

坑仔

石品：天青、火捺、青花、玫瑰紫、鴝鵒眼

尺寸：36×20×4厘米

正底面

硯銘：

自在心中流，觀山觀水觀自在，流雲流水流心中。辛卯立冬大嶺硯橋山水硯已有開宗創派之象，仲賢兄一笑并珍藏，弘健單刀鐫之。

向寬處行

老坑

石品：金銀綫、玫瑰紫、青花

尺寸：14.5×8×2厘米

拓片跋文：

向寬處行硯，正側面拓片，大嶺硯橋，弘健，向脫寬字，弘健又書。

南海霽雲

麻子坑

石品：魚腦凍、天青凍、蕉葉白、鴝鵒眼、青花、玫瑰紫、火捺、翡翠斑

尺寸：58×43×7厘米

正底面

硯銘：

南海霽雲，南海諸島，散佈在海南島以東和以南之廣闊海面，分為東沙、西沙、中沙、南沙四組島群，南海正當太平洋和印度洋，為亞洲大陸和澳大利亞大陸之間的航運要衝，又是我國與東南亞各國交往的紐帶，南海島有着豐富的熱帶資源，在交通國防和開發海洋資源方面都有重大的意義，歷來為我國之神聖領土，此麻子坑石品，如空中俯視南海諸島意境，故作此硯，以祝祖國萬壽無疆，壬辰春三月於大嶺硯橋弘健。

拓片跋文：

南海霽雲背面拓片壬辰春月弘健

煙花三月

老坑

石品：冰紋、金銀綫、玫瑰紫

尺寸：23×18×7厘米

拓片跋文：

煙花三月硯，拓片，辛卯冬月，大嶺硯橋，弘健。

踏雪尋梅

古塔岩

石品：雪白結晶體

尺寸：27×21×5.5厘米

硯銘：

歷代多有踏雪尋梅題材之作品，今舊題新作，又一番意境，撿古塔巖硯石，內含石英白如雪，石頭紫黑，對比強烈，平正之中，極具變化，奇特之處，實為天然造化所成，餘刻硯石，往往不求傳統石品，但求造物天然，以畫理入硯，講究應物象形，經營位置，合眼像者取之，不合者，捨之也，大嶺硯橋主人，弘健記之。

拓片跋文：

踏雪尋梅正側面拓片。

大嶺硯橋

坑仔

石品：蕉葉白、青花、玫瑰紫、火捺

尺寸：35×26×4.5厘米

拓片跋文：

大嶺硯橋硯，正面拓片，弘健於星湖。

命題要有文氣，既要符合意境，但又不是直指該作品，要含蓄，使人產生遐想，有不盡之意趣，比如梅花題材不帶梅字，題個東風第一枝，意境更為深遠，辛卯冬至，呵凍寫之，弘健。

無邊月影浸曲池

坑仔

石品：青花、玫瑰紫、鴝鵒眼

尺寸：23×12.5×5.5厘米

拓片跋文：

無邊月影浸曲池，正面拓片，大嶺硯橋，弘健。

清流激湍

老坑

石品：冰紋、金銀線、青花

尺寸：15×15×4.2厘米

拓片跋文：

清流激湍硯，正面拓片，辛卯立冬，大嶺硯橋，弘健。

山河萬象

坑仔

石品：青花、玫瑰紫、鴝鵒眼

尺寸：21.5×17×4.5厘米

拓片跋文：

山河萬象硯，正面拓片，辛卯冬至，弘健。

硯之本性，其本性即日用即道概之，大嶺硯橋主人識。

日月長恒

老坑

石品：冰紋、金綫

尺寸：16×9×2.5厘米

硯銘：

日月長恆，弘健。

井

坑仔

石品：蕉葉白、青花、火捺

尺寸：23×14×8厘米

拓片跋文：

井硯正面拓片，辛卯，弘健。

意趣要有本性的東西，才能稱得上深度，即要有自我個性，有自己的表現手灋，如果認為物象與物象之間的意象就是意趣，那是表象的，非實質性，也就非本性了，也就不具備作品傳播之力量，辛卯冬月，大嶺硯橋主人，弘健又書。

五四 ／174

翰墨千秋

宋坑

石品：火捺

尺寸：40×19.5×4.5厘米

拓片跋文：

翰墨千秋硯，正側面拓片，辛卯冬月，弘健。

歷代的硯臺，它的型制與紋飾，代代相傳，時至今天，還是耐看的這是中國文化之一大特色，代代相傳之中求變化，雖然變化不大，但可以看到每個時代之氣息，這就是我們的文脈了，大嶺硯橋主人，弘健硯語。

五五 ／180

故人曾此共看雲

宋坑

石品：火捺、朱砂斑

尺寸：30×22×5.5厘米

硯銘：

故人曾此共看雲，一九九七年深秋，於南國星湖邊上，弘健。

曾游黃山寫生，與嶺南畫派眾師兄弟在西海排雲亭觀雲海，時隔二十四年矣，往往憶之，使人不忘少年游踪，撿舊詩刻誌。十九隨師上黃山，背囊畫夾一身挎，雲間笑語水溪斷，臥石奇松拾稿還。蕉園黑面神石，細細品味，有昔日觀雲意境，丁酉年深秋，端州弘健記之。

五六 ／184

蓮子已成荷葉老

蕉園坑

石品：火捺，翡翠斑

尺寸：27×21×5厘米

硯銘：

蓮子已成荷葉老。

李清照詞意一九九一年夏永，於星湖之畔，弘健。

五七 ／186

六祖說梅

坑仔

石品：金銀綫、象牙眼、天青、玫瑰紫

尺寸：39×38×5厘米

硯銘：

六祖說梅，六祖慧能乃肇慶人氏，南禪宗始祖，其講學處，多以植梅為記，以端溪坑仔岩製此紀念，製硯宜氣象清新，宜格局廣大，宜簡構雄渾，宜巧麗樸茂，能得其中一句，亦可為佳硯，結硯無聚無散，無呼無應，無紋無理，要簡不簡，想繁不繁，如散沙一盤，或頑石一塊，無聚光或放光處，可謂未入津門也，一九九六年秋月於端州大嶺硯橋弘健製。

五八 ／190

讀畫

麻子坑

石品：蕉葉白、翡翠斑、玫瑰紫

尺寸：26×18×3.5厘米

硯銘：

讀畫硯，中國文化觀念遵循瞥視，而非凝視之邏輯，固為中國畫家注重，讀畫，此為觀照，跟西方以看為方式之繪畫，大不相同，製成此硯，以記中西文化之差異，謹為拋磚引玉，能得共鳴否，又，以顧二娘語，硯為一石琢成，必圓活而肥潤，方見鐫琢之妙，若呆板瘦硬，乃石之本來面目，琢磨何為，以此論證今人之硯藝，還是沿着硯之本質為美，乙酉，弘健。

拓片跋文：

辛卯冬月大嶺硯橋弘健拓此題記

五九 ／192

佛祖

坑仔

石品：蕉葉白、青花、火捺

尺寸：35×28×8厘米

硯銘：

佛祖硯，二零零五年夏永於端州弘健。

六十 ／194

束風第一枝

坑仔

石品：青花、玫瑰紫、火捺

尺寸：24×13×5厘米

拓片跋文：

束風第一枝正，側面拓片，硯之意趣，有它的審美特殊性，也有它的要求，要符合硯的把翫，它的意趣多於物象形態的表現，所以形態意趣才是硯藝之本質性，具有物象之意趣，關鍵是壓縮透視，它合乎灂道，但不一定是合理的，多數製硯者未必識此，弘健垃記。

六一 / 198

忙中有餘閑

蕉園坑

石品：火捺、彩帶

尺寸：29×26×2.8厘米

硯銘：

忙中有餘閑登山臨水觴咏，身外無長物有衣素食琴書。

丁亥秋月，製端溪石於南粵星湖之大嶺硯橋澹然閣，弘健。

拓片跋文：

忙中有餘閑硯，正面拓片，大嶺硯橋主人，弘健。

六二 / 200

六祖探梅

麻子坑

石品：鸜鵒眼、翡翠斑

尺寸：20×12×4厘米

拓片跋文：

六祖探梅硯，正面拓片，弘健。

以石品設計雕刻，可達宏觀與微觀之表現，宏觀大至宇宙天地自然山川景物，微觀花鳥蟲魚昆蟲等，不盡大千引入石品之中，弘健硯語。

六三 / 202

黃鸝聲聲覓知音

坑仔

石品：青花、玫瑰紫

尺寸：26×25×4厘米

硯銘：

黃鸝聲聲覓知音，製硯要符合手感，手感好不刺手雕刻之物象要化入硯堂，磨墨時不礙磨墨，洗滌方便為之合格，丙戌陽春弘健於大嶺硯橋。

六四 / 204

雲飛象外，臥聽鬆濤

坑仔

石品：青花、玫瑰紫

尺寸：60×40×9厘米

硯銘：

雲飛象外，臥聽鬆濤，此硯從石型乃至雲鬆人物，用圓綫，以其達到物象形式與題材意境高度統一，大嶺硯橋弘健。

拓片跋文：

雲飛象外臥聽松濤硯，正面拓片，硯的創作對意趣有偏愛性，但它的高度，即作品意趣高度是沒有偏愛的，它不存在，它存在的是否合乎硯的使用功能與工藝結合達到的一種高度，辛卯歲暮，大嶺硯橋主人，弘健。

大凡維料，先審視石品，以石品上乘為主，把好的石品放在硯之主要位置，如硯臺、硯池、硯額，不可隨意，講究賓主位置，製硯期間，往往有感，隨意寫之，有笑方家，弘健於星湖。

六五 / 208

枕月吟詩

坑仔

石品：蕉葉白、青花、玫瑰紫、火捺

尺寸：17×9×4.5厘米

硯銘：

枕月吟詩硯，文人硯是硯臺要有文氣，什麼人參與不重要，作為案頭擺設，是把翫之東西，但應該是有生命的，丁亥年弘健閑談。

拓片跋文：

枕月吟詩硯，正側面拓片，弘健。

六六 / 210

濯足滄浪煙水秋

冚羅蕉

石品：蕉葉白、火捺

尺寸：18×17×2.5厘米

拓片跋文：

濯足滄浪煙水秋硯，正面拓片，辛卯，弘健。

六七 / 212

醉翁

麻子坑

石品：魚腦凍、火捺、青花

尺寸：17×14×3厘米

拓片跋文：

醉翁意醉心不醉硯，正面拓片，弘健。

春光困懶

綠端

石品：金黃石皮

尺寸：31×22×4厘米

拓片跋文：

　　春光困懶硯，正面拓片，弘健。

　　心在，身不在，即身在，心不在，身在，即身不在，萬物隨心性，弘健悟得，大嶺硯橋主人。

觀盤蓮

麻子坑

石品：青花、玫瑰紫、綠眼

尺寸：30×15×5厘米

硯銘：

　　觀盤蓮硯，以巧妙飽滿構圖經營位置，製麻子坑石成之，甲申年弘健。

滿船明月浸虛空

坑仔

石品：象牙眼、青花、火捺、蕉葉白

尺寸：30×24×6厘米

硯銘：

　　在天成象，在地成形，華夏聚英，如星如月，爍爍其光，仰望象航燈指引前行，俯察可盛載文明遠播，紹泉先生銘，辛卯弘健於北京。

古賢游春

老坑

石品：魚腦凍、天青、冰紋、青花、玫瑰紫、火捺、金銀綫

尺寸：84×50×6厘米

硯銘：

　　硯藝已成為一種獨立藝術，以為功能與美術雕刻之結合或單從造型雕刻藝術之欣賞，要吸收傳統，但不能一味幾代人都刻雲龍，祇有一味，別無他味，也就索然無味了，世人不問青紅皂白，把優秀傳統雕刻技澦丟棄，把糟粕留存，如今人將硯雕通雕透，追求立體，殊不知已失去硯雕之本質，不耐把

酰，一九九五年製端溪老坑，古賢游春硯大嶺硯橋，弘健時年四十一歲矣。

　　文心萬象

　　予製硯二十餘年，創立大嶺硯橋流派，為文人硯之倡導者。心得，製硯要有文氣，得三個字，淡靜潔，題材境界要淡，物象動態要靜，刀工要潔，此硯得劉演良先生及書畫界朋友題銘，增加了硯文化之意義，吳德雄先生愛之珍藏，并囑鐫刻以記，辛卯歲夏弘健衝刀。

　　此硯得劉演良、朱新建、範揚、劉二剛、張偉民、林海鐘、胡石、孫萬秋、孫群力、懷一、一空、梁儁琰等先生題銘，由弘健鐫刻。

拓片跋文：

　　古賢游春硯，背面拓片，大嶺硯橋，弘健。

皎皎秋月對詩歌

蕉園坑

石品：有魚腦凍、火捺、蕉葉白

尺寸：95×68×8厘米

硯銘：

　　從事端硯行業近乎過萬人，能參與雕事者亦不下二千餘人，世代家傳接力傳統之題材雕刻，大可得心應手，不在話下，但能刻硯銘者極少，連稱為師級者亦未能親手操刀刻字，可憐其能事之單一，難成大家風範，刻字極講究手感，要心到、眼到、手到、從未嘗試又怎樣知刻字之刀澦運用，一九九九秋月天朗氣清製此硯於南粵端州大嶺硯橋梁弘健并誌。

拓片跋文：

　　所有物，生物，所有象，為萬象，辛卯歲夏，弘健硯語。

　　問道難得入知了，辛卯拓此硯以存底稿，大嶺硯橋主人，弘健於星湖。

拓片跋文：

　　二月春風似剪刀，正面拓片，辛卯，弘健。

　　雕是減澦，塑是加澦，大嶺硯橋主人。

七五 ／257

拓片跋文：

　　夢中得咏硯側面部分。

　　可愛不可信如繪畫，可信不可愛如
畫論，蟬硯局部拓片，弘健。

七六 ／258

拓片跋文：

　　待細把江山圖畫硯，背面拓片，壬
午秋月，弘健於星湖。

七七 ／259

拓片跋文：

　　山高水長硯，正面拓片，弘健。

七八 ／260

拓片跋文：

　　禪與蟬硯，正面拓片，大嶺硯橋主人。

　　傳統題材之創新，並非在題目，而
是創作手灋，乃是形式，所以一件好的
作品，雖然題目是舊的，但形式新穎，
作品就有時代氣息，就有生命，弘健。

七九 ／262

拓片跋文：

　　肥田天邊合硯，背面拓片，大嶺硯
橋，弘健於星湖之畔。

八十 ／263

拓片跋文：

　　霧裏家山硯，背面拓片，辛卯，
弘健記之。

八一 ／263

拓片跋文：

　　高山流水詩千首硯，正面拓片，大
嶺硯橋主人，弘健。

八二 ／264

拓片跋文：

　　雨散山邨硯，背面拓片，辛卯，
弘健。

八三 ／264

拓片跋文：

　　清流激湍，背面拓片，辛卯立冬，
大嶺硯橋，弘健。

八四 ／265

拓片跋文：

　　曲院風荷硯，正面拓片，辛卯，大
嶺硯橋，弘健。

　　立題看脩養，脩養多高，立題就多
高，全反映品性及美感的脩養，來不得
半點吹牛，弘健。

八五 ／266

拓片跋文：

　　日月長恆硯，正面拓片，弘健。

八六 ／267

拓片跋文：

　　高山流水詩千首，背面拓片，辛卯
冬月，弘健於星湖。

八七 ／267

拓片跋文：

　　蒼嶺青天外，泉聽入夢聲硯，正面
拓片，大嶺硯橋，弘健。

八八 ／268

拓片跋文：

　　白雲生處有人家，背面拓片，辛卯
冬月，弘健。

八九 ／268

拓片跋文：

　　髙山流水詩千首，背面拓片，辛卯
冬月，弘健於星湖。

九十 ／269

拓片跋文：

　　芭蕉濃陰夏日長硯，一九九三年於
端州大嶺硯橋弘健製。

九一 ／270

拓片跋文：

　　向寬處行硯，背面拓片，辛卯冬
月，弘健於星湖。

九二 ／271

拓片跋文：

　　漁舟唱晚硯，背面拓片，大嶺硯
橋弘健。

九三 ／272

拓片跋文：

　　蒼嶺青天外泉聽入夢聲硯，背面
拓片，弘健。

九四 ／273

拓片跋文：

　　一九九九年於南粵大嶺硯橋弘
健製。

九五. ／274

拓片跋文：

　　橫臥田埂入秀色，背面拓片，大嶺
硯橋弘健。

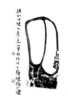

九六 ／274

拓片跋文：

　　青松千尺硯，背面拓片，大嶺硯橋
主人，弘健。

九七 ／275

拓片跋文：

　　富甲天下，硯正面拓片，大嶺硯橋
弘健。

　　刀瀾講究美感，刀瀾之美可從筆瀾
去追求，弘健硯語。

九八 ／276

拓片跋文：

　　自在心中流，硯背面拓本，辛卯冬
月，弘健。

九九 ／278

拓片跋文：

　　梁弘健硯銘拓片，癸未歲夏。
　　梁弘健硯銘拓片。

一〇〇 ／280

拓片跋文：

　　濕雲飄過鳥聲啼硯正面。蠟墨拓片
大嶺硯橋弘健。

後記（一）

文／梁弘健

我學製硯，是無心插柳，出于喜愛，就進行了嘗試。初入門徑，已有感覺，經數年，才敢登堂入室。端硯硯藝集出版，為製硯二十多年來第一次。一直以來，朋友多次叮囑出版硯集，但我認為，硯作為雕刻，是立體的，變成圖片平面已不大感人，所以一直以來未有興趣把作品結集出版。縱有此意，也很難脫離目前所見到的硯集出版模式，因而，我認為還是以藝術欣賞的角度來出這本硯集，希望能讓想了解我的朋友，對我的硯藝及想瀘有所了解。

藝術，重要的是創作過程，在創作過程中享受創作的快樂。創作的快樂祗有作者本人能感受到。如果讓閱讀我硯集的人也能感受到這種快樂，那是最理想的，也是我努力想做到的。

作為一名藝術從業者，最終的目的是創造新的視覺，給人以享受，所以要講求開宗創派，或某種新的審美觀念。但在求新的過程中，還是要符合傳統，在傳統的基礎上出新意，既符合傳統的審美要求，又突破前人的表現手瀘，給人以美的享受。

我的硯藝觀，追求三個字，"淡"、"靜"、"潔"。題材、境界要淡，物象動態要靜，刀工要潔。不過，人生的藝術道路還是不斷前進、追求的，也祗能說目前的我是這種認識。

端硯是工藝品，它既有實用性，又具有欣賞性，硯的本質，還是要強調的，"日用即道"是離不開的，所以我的追求也是圍繞着這個原則來進行創作。

製硯以來，創作的端硯作品不少，滿意的不算很多，但勉強還是能講得過去。我的審美觀念，特別是對硯藝的題材、意境和形式的把握，個人感覺還是有優點的，這是我多年對藝術的追求認識所至。多年來所創作的硯，沒有一個是重復的，也從來未見別人這樣做過，這就是我的硯藝了。多年來，得到上級領導的關心及社會各界人士的鼓勵和支持，也適逢盛世，有幸三生。藝無止境，光陰似箭，祗能在有限的時間裏繼續努力，希望能創作幾方更好的作品來報答社會，這就是我的心願了。書中不盡如人意定然不少，懇祈方家不吝批評、指導。

此端硯作品集得到陳綏祥先生作序，何初樹、駱禮剛、張偉民、薛國慶、衛紹泉、王嘉、林少勇先生，戚真赫、張茗女士，為端硯作品撰寫欣賞文字。衛紹泉、陳子游先生為該集作品進行拍攝、編輯、設計。學生鐘元章、馮文勇在師從學習過程之中為完成部分作品做了大量的工作，在此，表示衷心感謝。

2012年春月於南粵星湖大嶺硯橋

後記（二）

文 / 陳子游

　　與梁弘健先生交往十餘年，知道他畫畫之餘喜歡刻硯。這次是他入製硯二十餘年，第一次出版個人硯藝集，我能參與後期編輯工作，非常欣慰。硯集將付梓前，他囑我寫幾句，我應允後才覺得不好下筆，也祇能謹為寫之。

　　從整個硯藝集內容看，這裏面傾訴了梁弘健先生大半生的業餘勞作，尤其近期與夫人一起將每一方硯石製作成拓片時的那份不容易。當然，這樣的辛勞也是非常值得，也很享受的。

　　古人講：“學海無涯，藝無止境”的道理，千年不易。當看到這些如珠般的硯品，讓我感慨良多。是想，藝術家的創作，最終的目的是什麼？有目的和沒目的會有天壤之別，靠什麼來維持藝術創作的熱情呢？恐怕每一位熱愛藝術的人和欣賞藝術的人的答案會不同。個人的努力和社會認同，也許是因人而異。我們從梁弘健先生的硯語錄裏會感觀到他藝術創作的宗旨與品質。他說的不僅是對硯石製作的某些認知，也關乎文化藝術和哲學層面，更是對自然、人生、社會、審美、情義通達的闡述。比如“一刀、二刀、三刀，刀刀存其精神。刻硯關鍵，除了因石而設計之外，刀瀘代表自我見地，用刀如用筆；意象為最高，意境次之，意趣為下等等，他用如此樸素的語言傳達他對人生的理解。

　　梁弘健先生為人直率、豁達、有俠義心腸，朋友多，這說明他為人為藝的氣局和性狀，他相識天下，有責任心。正所謂“文如其人”和“硯如其人”同理。他以一種精微中求廣大和博大中見精微的藝術理念，融繪畫、書瀘、雕刻、金石等姊妹藝術的特質來關照硯臺，開創了當下硯藝創作的新局面和個人獨特的風貌，并提出“文人硯”的藝術思想，以書畫入硯、以文心入硯的製硯理念，梁弘健先生從個人實踐中證明了自我價值和藝術風格，以及對“文人硯”藝術思想的整體把握，正如他文章寫道“目前追求的有三個字：淡、靜、潔”，驗證了他的審美和人生境界。

　　我與製硯，我是外行，我祇能感覺到當此集付梓的那一天，這代表了梁弘健先生交了一份對世人、家庭也包括他自己一次良好的人生答卷，因為每一方硯石都是他的生命延伸，是他藝術思想的成功傳達。

　　我特別祝願他在今後的藝術創作中帶給我們更多的欣喜。

2012年孟秋於京華于藝堂